国家重点图书出版规划项目

中国载人航天科普丛书

总主编 王永志 王文宝 袁家军

碧空天链

——探究测控通信与搜索救援

主 编 钱卫平 吴 斌

副主编 卢立常 梁 琦

中国宇航出版社

·北京·

内 容 提 要

本书主要介绍中国载人航天工程测控通信系统的发展历史、系统组成及其功能和作用，以及着陆场系统的场址选择、硬件设施、救援方案等内容，并简要介绍了正在发展的测控通信新技术。

书中既有对测控通信及着陆场系统的科学解读，又有对实际操作场景的真实再现，还有对相关知识的无缝链接，力求做到深入浅出、通俗易懂、图文并茂、语言生动，适合相关专业科技人员、管理人员和具有高中以上文化程度的航天爱好者阅读。

图书在版编目（CIP）数据

碧空天链：探究测控通信与搜索救援 / 钱卫平，吴斌主编. -- 北京：中国宇航出版社，2011.1

（中国载人航天科普丛书 / 王永志，王文宝，袁家军主编）

ISBN 978-7-80218-444-2

I. ①碧… II. ①钱… ②吴… III. ①航天器—测量控制网—通信系统—中国—普及读物②载人航天飞行—救生—中国—普及读物 IV. ① V553.1-59 ② V528-49

中国版本图书馆 CIP 数据核字（2010）第 263282 号

责任编辑 张艳艳 **责任校对** 祝延萍 **设计制作** 03 工舍

出版发行 中国宇航出版社

社址 北京市阜成路 8 号　　邮编 100830

(010)68768548

网址 www.caphbook.com/www.caphbook.com.cn

经销 新华书店

发行部 (010)68371900　(010)88530478(传真)

(010)68768541　(010)68767294(传真)

零售店 读者服务部　北京宇航文苑

(010)68371105　(010)62529336

承印 北京画中画印刷有限公司

版次 2011 年 6 月第 1 版　2013 年 6 月第 2 次印刷

规格 787 × 960　开本 1/16

印张 11　字数 173 千字

书号 ISBN 978-7-80218-444-2

定价 35.00 元

《碧空天链》编委会

总　序

上世纪九十年代初，党中央审时度势、高瞻远瞩，果断作出了实施中国载人航天工程（代号921工程）的重大决策。这一战略工程的建设与发展，至今已走过了十八年的光辉历程，中华民族实现了千年的飞天梦想，在世界航天发展的史册上，铭刻下了中国人民勤劳智慧、自强不息、勇攀科技高峰的辉煌印记，在人类和平利用太空的伟大征程中树立了不朽丰碑。当今世界，伴随高新技术发展的突飞猛进，航天技术发展方兴未艾，我国航天事业正迈上新的历史征程。当此之际，中国载人航天工程办公室组织编著出版这套《丛书》，对历史、现实和未来都是一件颇有意义的事情。

这套《丛书》全面介绍了工程的发展历程、各系统工作原理及相关航天知识。我作为工程的亲历者、见证者和组织者，更深切地体会到：工程意义重大而充满挑战，成就举世瞩目而来之不易。工程实施以来，在党中央、国务院、中央军委的坚强领导和亲切关怀下，在全国各相关方面的大力支持下，广大航天工作者大力协同、锐意进取，成功突破了一大批拥有自主知识产权的载人航天核心关键技术，先后实现了从无人飞行到载人飞行、从一人一天到多人多天、从舱内实验到出舱活动等重大跨越，使我国成为世界上第三个能够独立开展载人航天活动的国家，在载人航天高技术领域占有了重要一席。胡锦涛总书记明确指出，载人航天工程取得的成就，是我国综合国力不断增强、科技水平不断提高的重要体现，对于增强全民族的自信心和自豪感，凝聚全民族的智慧和力量，鼓舞全党全军全国各族人民全面建设小康社会、实现中华民族伟大复兴具有重大而深远的影响。

通览《丛书》，可以更深刻地感到，作为我国航天发展史上规模最大、系统构成最复杂、可靠性安全性要求最高的国家级高科技工程，载人航天工程取得的伟大成就令人自豪，催人奋进。同时，从中可以得出许多重要启示：当今时代，世界综合国力的竞争，集中体现为科技特别是高科技的竞争，关键在于人才的竞争，科技、人才已成为民族振兴的基石和综合国力的核心；社会的进步、国家的发展、民族的强大必须充分发挥科学技术第一生产力的作用，坚持人才为本，瞄准世界高科技发展前沿，着力突破核心关键技术，抢占战略制高点，不断提高自主创新能力，唯有如此，才能把国家安全和发展的命脉牢牢掌握在自己手里；科技落后是最可怕的落后，我国目前仍面临发达国家在高科技领域占优势的巨大压力，必须增强机遇意识、忧患意识和使命意识，敏锐把握世界新科技革命的大势，以战略需求为导向，努力实现科技新跨越、新发展。

《丛书》作为航天高科技普及读物，与一般科普读物相比，有许多突出特点：一是鲜明的系统性和集成性。《丛书》以中国载人航天工程为主线，分别介绍工程总体以及航天员、空间应用、载人飞船、运载火箭、发射场、测控通信、着陆场等各系统，结构清晰、重点突出，各个分卷相互衔接、形成整体。二是广泛的知识性和普及性。《丛书》突出读者感兴趣的知识点，满足社会公众对载人航天科技知识的渴求，语言流畅、深入浅出，图文并茂、通俗易懂。三是高度的科学性和权威性。《丛书》编写人员既有工程总设计师、工程总体的专家，也有工程相关系统的总指挥、总设计师；既有长期工作在航天领域的老专家、老领导，也有奋战在科研一线的技术骨干和管理人员，他们大多亲历和参与了工程的研制建设，是各自领域的权威人士，编写内容概念正确、数据科学准确。

相信这套《丛书》的出版发行，对于宣传我国载人航天工程的伟大成就，大力弘扬载人航天精神，增强民族自信心和创新精神，必将起到重要的促进作用。同时，通过普及航天知识，必将吸引和鼓励更多的青少年热爱科学，积极投身航天事业，使我国高科技发展后继有人、持续跨越，为实现中华民族伟大复兴的宏伟目标，为开创中国特色社会主义事业新局面，作出新的更大贡献。

中央军委委员、总装备部部长
中国载人航天工程总指挥

常萬全

2010年4月16日

前言

中国载人航天工程共由七个系统组成，测控通信系统和着陆场系统是其中两个重要系统。它们的主要作用是完成对飞船的飞行轨道、飞行姿态和工作状态的测量与监视，对其进行飞行控制，监视航天员的状态并进行话音通信，传输飞船图像和科学实验数据；飞船返回后及时搜索和救援航天员。

本书是《中国载人航天科普丛书》的一个分卷，主要目的是将测控通信与搜索救援的基本知识、基本概念、工作原理以及系统的工作过程介绍给读者，使广大读者对这两个系统有一个基本的了解。本书主要对象是具有高中以上文化程度、对载人航天有兴趣的广大读者，也可供从事航天相关专业的工程技术人员参考。

本书共分9章。第一章由卢立常撰写，第二章由王瑞军撰写，第三章由刘世勇、李瑭、张兵山、宋世杰、万鹏撰写，第四章由安振华撰写，第五章由梁琦、宋兴学、吕斌涛、李昶撰写，第六章由张新颜撰写，第七章由卢立常、刘延利、晋东立撰写，第八章由宋世杰、万鹏撰写，第九章由卢立常撰写。本书由主编钱卫平、吴斌，副主编卢立常、梁琦完成统稿工作。

在本书编写过程中，房鸿瑞、李安、李桢、魏晨曦等同志给予了大力协助。书稿完成后，北京跟踪与通信技术研究所张纪生研究员，中国空间技术研究院朱毅麟研究员、陈宜元研究员，中国载人航天工程办公室张海联参谋、赵启全参谋对全书进行了审阅，并提出了宝贵的修改意见。对他们付出的辛勤劳动，在此一并表示衷心的感谢。

书中如有错误或不妥之处，敬请读者批评指正。

主　编

目 录

第四章 返回与着陆

第五章 搜索与救援

第六章 航天飞行控制中心

第七章 陆海基载人航天测控网

第八章 天基测控网

第九章 载人航天测控通信新技术

第一章

天地之链

载人航天工程各系统紧密相连，而测控通信系统是其中的重要一环。不管飞船飞到哪里，走得多远，航天测控网就像一张疏而不漏的天网一样，始终掌控着飞船的“一举一动”。

1. 太空中的航天器靠什么有序运行

人类至今已先后将各种卫星、飞船、航天飞机和空间站等 6 000 多个航天器（图 1－1）送入太空。越来越拥挤的太空之所以没有变得杂乱无序，是因为有一张神奇的网始终引导着这些航天器按照自己的轨道飞行，即使偶尔偏离轨道也能很快“迷途知返”。它能够时刻知道这些航天器是否工作正常，也了解航天器在执行哪些使命。一旦航天器发生了故障，能得到及时抢救和精心照料。即使意外失控陨落，人们也能及早发现，以防止或尽量减轻其对地面生命财产的损害。这张神奇的网就是庞大的航天测控网。

空间站

航天飞机

飞船

卫星

图 1－1 各类航天器

航天测控网就像一张天网，始终掌控着飞船的“一举一动”。 有人把飞船比作“风筝”，那么测控网中遍布国内外的测控站和分布在三大洋的远洋测量船就是牵住“风筝”的那一根“线”，地面的指挥控制系统就像放风筝的人，通过这条看不见的“线”对飞船飞行状态、飞船上各种仪器和航天员进行监视，并进行指挥控制。

知识链接

空间探测的关键——航天测控通信

2005年7月4日，美国航空航天局的深度撞击号彗星探测器与坦普尔1号彗星进行了一次史无前例的碰撞。在距地球1.3亿千米、相对飞行速度达到每小时36 000千米的条件下，深度撞击号准确地命中了坦普尔1号彗星。在成功实施这次撞击前，科研人员已经精确计算出探测器和坦普尔1号彗星的运行轨道，并控制探测器按既定轨道飞行；及时检测探测器的飞行参数以确定是否需要修正其轨道；如果需要，发出指令修正并改变探测器轨道；准确地在预定轨道位置释放撞击器。这一切说明，对彗星探测器的精确测控是完成这次撞击实验的关键所在。

2. 什么是航天测控网

测控通信系统是航天工程的重要组成部分，主要是对火箭及航天器的飞行轨迹、姿态和其上各分系统的工作状态进行跟踪测量、监视与控制，用于保障航天器按照预先设计好的状态飞行和工作，并完成科学数据传输等预定任务。对于载人航天器，还包括航天员的生理状态监视、话音通信和图像传输等任务。

要对绕地球飞行多圈的航天器进行测控通信，需要设立飞行控制中心，需要在全国乃至全球范围内部署多个航天测控站或航天测量船，需要利用数据中继卫星系统和导航卫星系统，需要建立连接各站（船）和中心的通信系统，还需要建立对这些测控资源进行管理的资源调度中心。由于这是一个集合多项功能、系统庞大、分布范围广的网状系统，因此习惯上称之为“航天测控网”，其中也包括天地之间的话音、电视图像和用户数据传输等通信功能。因此，航天测控网是测控通信系统的基础资源设施，而要完成测控通信任务，还需要人力资源、社会保障等其他方面的支持。

飞行控制中心主要完成对航天器飞行任务的组织指挥、数据传输与处理、状态监视和控制；测控站（船）负责建立航天器与地面的联系，包括对航天器进行跟踪、测轨（外弹道测量）、遥测、遥控以及天地之间的话音、图像通信（载人航天）；资

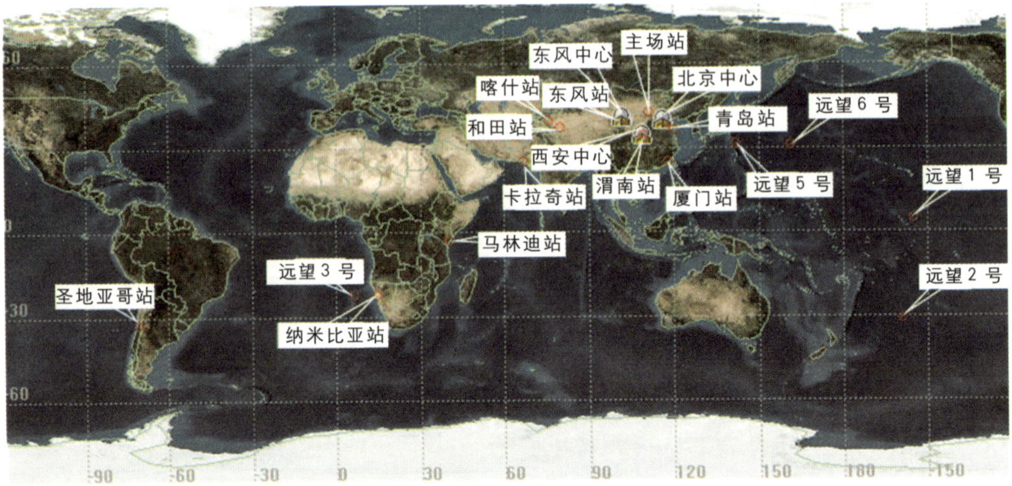

图 1－2 执行神舟 7 号任务时航天测控网的基本组成

源调度中心主要完成测控网内各测控站（船）的资源调配、状态监视和远程控制；通信系统主要完成飞行控制中心、资源调度中心和测控站（船）间的信息交换，保障整个任务的指挥调度，并为整个测控网提供统一的时间频率标准。图 1－2 是执行神舟 7 号任务时航天测控网的地面布局图。

随着以跟踪与数据中继卫星系统为代表的天基测控系统投

知识链接

美国 NASA 地基航天测控网

目前，NASA 常用的地面测控站包括：主要为高倾角卫星服务的挪威斯瓦尔巴站（SGS）、南极洲的麦克默多站（MGS）、美国阿拉斯加州站，以及为发射段提供服务的美国弗吉尼亚州沃洛普斯岛站（WGS）、美国佛罗里达州梅里特岛站。

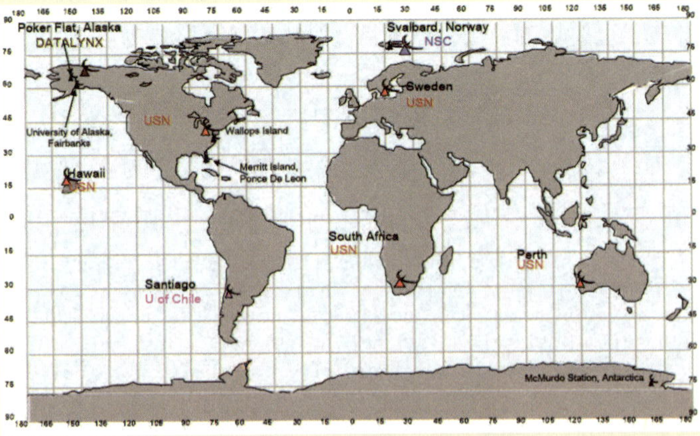

美国 NASA 地基航天测控网

NASA 的深空网则由位于美国加州戈尔德斯顿、澳大利亚堪培拉、西班牙马德里的 3 个深空通信设施（DSCC）和位于加利福尼亚州帕萨迪纳的控制中心组成。

人运行，我国航天测控网将逐渐由传统的陆海基测控网向天地基相结合的综合测控网发展。

3. 航天测控网的地位及作用

载人航天工程是一个规模庞大的系统工程，共由七个系统组成（图 1－3）。首先，载人航天必须有航天员的参与，这就需要有航天员及其医监医保、选拔培训等设施组成的航天员系统；载人航天工程的最终目的是要实现有人参与的空间应用，因而空间应用系统不可或缺；航天员和空间应用的载体是飞船，称为载人飞船系统；飞船升空需要运载工具，称为运载火箭系统；而火箭的发射又需要地面发射场系统的支持；火箭飞船离开发射台后，测控通信系统成为天地之间的联系纽带；飞船遨游太空之后总要返回地面，所以需要有着陆场系统提供保障。

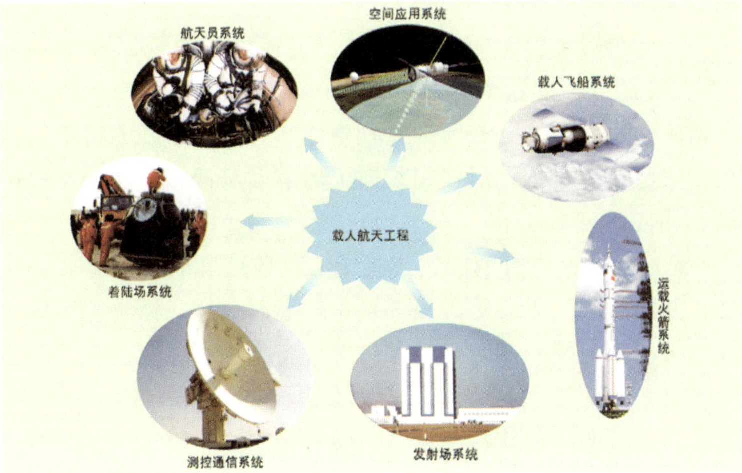

图 1－3　载人航天工程七个系统

航天测控网在载人航天工程中的作用主要体现在以下几个方面。

（1）天地联系的通道

航天测控网是航天系统中天、地之间联系的通道，它通过分布于全球的航天测控站（船）和跟踪与数据中继卫星建立地面与航天器之间的天地无线电链路，完成对航天器的跟踪测轨、遥测、遥控和天地通信、数据传输业务。它的工作过程是，飞行控制中心汇集各测控站（船）或跟踪与数据中继卫星通过下行链路获取的信息，经处理和分析后形成控制决策，生成遥控指令、注入数据或对航天员的话音指示，再通过测控站（船）或跟踪与数据中继卫星上行链路传送至航天器。

（2） 航天任务组织指挥和综合技术支持

航天测控网的飞行控制中心（简称飞控中心）是数据综合处理、状态监视、进行技术分析和形成控制决策的中枢，全面负责飞行任务的组织指挥和调度。

1）在航天器发射阶段，飞控中心通过图像和监测数据，判断火箭和航天器是否准确入轨；

2）航天器入轨后，飞控中心继续进行运行段飞行控制；

3）在航天器运行阶段，飞控中心与有关系统交换数据，提供必要的任务支持；

4）在航天器返回着陆阶段，飞控中心向返回段测控站（船）发送目标捕获引导数据，完成返回段航天器测控和着陆点精确预报任务，并将着陆点预报通知着陆场系统的搜索、救援、回收指挥机构，以便组织航天器返回舱搜索、航天员救援以及相应的回收工作；

5）在载人飞行期间，飞控中心接收处理航天员有关的信息，并向航天员中心传送航天员生理遥测信息、话音、图像以及航天器上环境控制、生命保障等设备的工程遥测信息，配合航天员中心对航天员生理状态和有关设备状态进行监视分析，并提出相应的控制支持建议，由飞行控制中心组织综合分析后决策实施。

（3） 为航天器性能分析和航天应用提供所需信息

航天测控网在飞行任务各阶段及飞行任务结束后，为载人航天工程其他系统提供航天器精确轨道与姿态数据、遥测原始信息与处理结果数据、对航天器进行全程控制的信息等资料，供各系统进行准实时或事后详细分析，以及技术设计改进时使用，也作为有效载荷应用数据处理的基准信息。

4. 航天测控网的构成

航天测控网通常由飞行控制中心、航天测控站（船）、资源调度中心和连接它们的通信链路构成。增加跟踪与数据中继卫星系统后，形成天基与地基相结合的航天测控网（图1－4）。跟踪与数据中继卫星的加入是构成现代化航天测控网的重要特征。

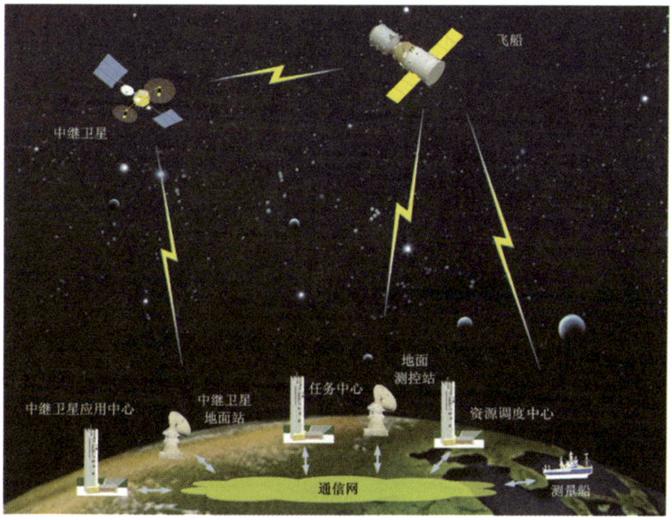

图1－4 航天测控网组成示意图

从功能上，航天测控网可分为无线电测控系统、光学测量系统、信息传输和数据交换系统、时间统一系统、轨道确定和计算处理系统、监控显示系统及辅助支持系统等。

1）无线电测控系统包括分布于各测控站上的无线电测轨（外弹道测量）、遥测、遥控和天地通信设备。无线电测轨设备利用无线电波对火箭、航天器进行跟踪测量以获取目标的距离、速度和角度信息；无线电遥测设备接收通过编码信道发送的火箭和航天器工作状态信息以及航天员生理信息等；无线电遥控设备通过编码信道向火箭和航天器发送控制指令和注入数据等；天地通信设备用于航天员与地面的话音及图像传输等。

2）光学测量系统利用目标反射或自发光信号，对火箭和航天器进行飞行轨迹参数测量、实况图像记录和物理特性测量。

3）轨道确定和计算处理系统是由中心计算机与通用、专用外部设备及应用软件组成的对测量数据进行加工、计算的系统。其主要功能是将各种测量信息按预定方案进行计算分析，加工成可用的信息。

4）信息传输和数据交换系统是将测控站（船）、飞行控制中心、用户中心及资源调度中心联系起来的专用通信系统。一般包括场区内部通信系统和跨场区通信系统。常用通信手段有光缆传输、地面微波传输、无线移动通信和卫星通信等。

5）时间统一系统是为测控系统提供统一的标准时间信号和标准频率信号的系统。完整的时间统一系统由两部分组成，一部分是授时系统，即国家时间频率基准及其授时台，其作用是建立和发播国家级时间和频率基准信号；另一部分是测控系统中的时统设备(或时统站)。

6）监控显示系统将指挥控制人员关注的信息进行汇集、加工、处理和显示，为其提供决策、指挥、控制依据。监控显示系统实时接收和处理测控系统获取的遥测和测轨信息及实况监视信息，将指挥决策所需的信息以曲线、图像、字符和参数等形式，形象地显示给指挥控制人员，供其对飞行情况进行实时分析和判断。

7）辅助支持系统主要包括气象保障、大地测量保障、供配电、空调以及海上测量船的船位(经度、纬度、航速)、船姿(航向角、纵摇角、横摇角、船体形变)测量和船上跟踪天线波束指向稳定等系统。

5. 航天测控网的布局

(1) 为什么要全球布站

一个站立在广阔平原上的成年人只能看到地面 7 千米范围内的东西，这是由光线直线传播和地球表面弯曲限制造成的。同理，建在地面依靠直线传播无线电波而工作的测控站，对目标的通视范围也必定是有限的。当然观测空中目标时，目标离地面高度越高，地面站看到它的范围越大，观测时间越长。图 1-5 就表示了地面站对地球轨道航天器的测控范围。

近地轨道航天器沿基本固定的轨迹绕地心旋转运行，运行一圈大约需要 90 多分钟时间，在这一时段内，地球自西向东转

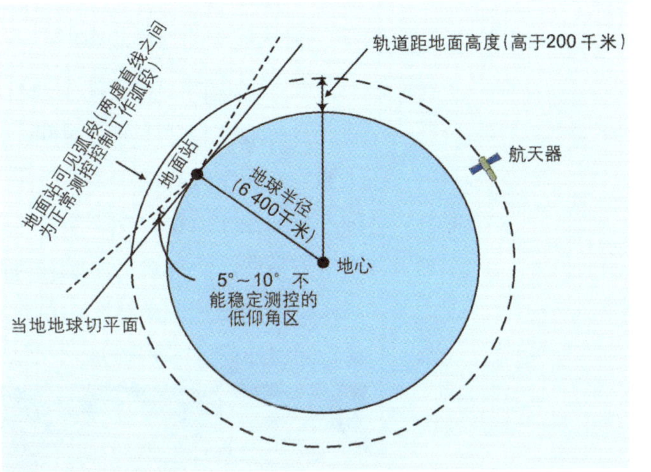

图 1－5　地面站对地球轨道航天器的测控范围示意图

过 22° 经度，随着地球转动，航天器一天运行的 16 圈中，一个地面站总共仅有 3 ～4 次测控机会。由于这些因素，要想经常对飞船进行测控就必须在全球布设多个测控站。飞行轨道越高，对其连续跟踪所需的地面测控站数越少。当航天器飞行在地球赤道上空高度为 36 000 千米的地球静止轨道时，航天器基本上随地球同步转动，于是，只要地理位置选择得当，一个地面站就能对其进行连续测控。若航天器运行高度进一步升高，例如嫦娥探测器的绕月球轨道飞行，则需要在全球设 3 个各相隔 120° 经度的测控站，才能对其进行连续测控（布设 3 个站是为了补偿地面站随地球的转动）。

载人飞船的轨道一般分为发射段、入轨段、运行轨道段和返回轨道段，航天测控网的布局原则，应力求用最少的投入，换取最大的效益。为满足载人航天工程对测控通信系统的高覆盖要求，需做到“确保关键段落、兼顾其他段落”。所谓关键段，是指飞船的上升段、入轨段、变轨段、出舱活动段、交会对接段和返回段等。在上升段，需全程监视飞船、火箭、航天员的状况，并实时进行故障判断与应急处置；在入轨段，飞船需按程序展开太阳帆板、确定姿态、开启有效载荷等；在变轨段，需监视变轨过程，测量变轨后的轨道参数；在出舱活动段，飞船进行泄压与复压，航天员开关舱门，进行太空行走，舱外服自检等；在交会对接段，飞船通过多次变轨逐渐接近目标航天器，直至连接为组合体状态；在返回段，飞船需要完成返回制动、轨道分离、推返分离等动作。因为在整个载人航天飞行任务中，这些段落的关键事件多，且容易发生故障，所以必须确保航天测控网充分覆盖这些关键阶段。

（2） 载人航天测控网的布局

飞船发射时，在火箭发动机的推动下逐渐加速，从发射台到入轨点，一般要经过十分钟时间、飞行数千千米的航程，这一过程是飞船能否正常入轨的关键段，又是故障高发段，要求不间断地对目标进行测控和监视，所以要在火箭飞行地面轨迹附近布置多个测控站接力覆盖。测控通信系统在飞船的上升段设置了 3 个测控站：东风站、渭南站和青岛站，由这 3 个站完成上升段运载火箭和飞船的测控通信任务（图 1－6）。

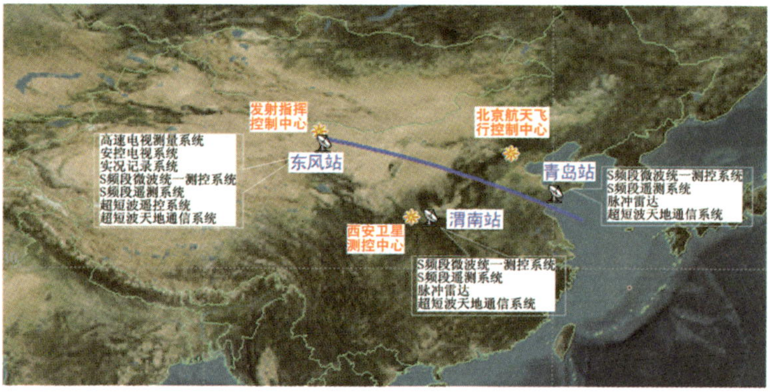

图 1－6 飞船上升段的测控通信覆盖图

飞船在入轨段有很多动作事件，如捕获地球、建立正常运行姿态、太阳帆板展开及判断轨道是否正常等。青岛站可继续对入轨段跟踪测控，其后有远望 5 号、远望 6 号两艘测量船接力。这样，飞船入轨后 5 ～6 分钟内，基本可以判断飞船的入轨情况。

飞船的另一个关键段是返回段，飞船要进行调姿、分离和制动。测控通信系统在返回准备弧段布置了两个测控站：一个是好望角附近的远望三号测量船，另一个是纳米比亚陆上测控站。飞船返回时的调姿、分离等动作都在这两个站上空完成。在飞船返回舱分离弧段布置了两个站：一个建在巴基斯坦的卡拉奇，另一个是新疆和田活动站，两个站相互衔接进行连续监测。最后就是着陆场的活动测量站，负责飞船再入大气层后的回收测量（图 1－7）。

神舟 7 号任务中的最关键的弧段是出舱活动段，设计人员

> **知识链接**
>
> **航天器发射初速度**
>
> 一天中，地球自西向东旋转360度，即每小时旋转 15 度。如果是在赤道上，每度约为111千米，也就是在赤道上的所有物体都在以约 1665 千米的时速运动。我国载人飞船发射场位于北纬 41° 附近，纬度周长只有赤道周长的 60%。除极地轨道航天器外，一般航天器发射都是从西向东发射，这样航天器未发射之前就由于地球自转而具有一定的初速度。

图 1－7　飞船返回段的测控通信覆盖图

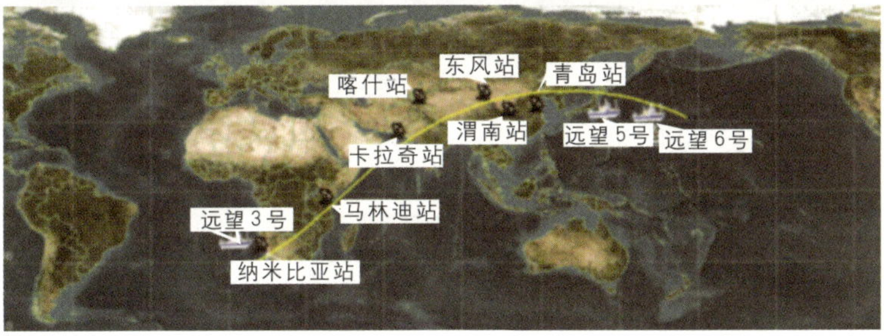

图 1－8　出舱活动段的测控通信覆盖图

巧妙地将航天员出舱活动时间安排在飞船返回段、上升段、入轨段所经过的区域，通过以上 3 个弧段所布设的站（船），可形成对飞船长达 47 分钟的航天员出舱活动段的连续覆盖（图 1－8）。

对神舟 7 号飞船的整个运行轨道来讲，地面测控网的平均覆盖率只有 18%。但是关键段的覆盖率却很高，接近 100%覆盖。

6. 我国航天测控网的发展历程

(1) 创建

20 世纪 60 年代中期，为保障我国第一颗人造地球卫星任务，组建了卫星观测网，包括渭南测控中心和南宁、昆明、湘西、海南等 7 个测量站，标志着我国航天测控网实现了从无到有的突破。1970 年 4 月，该网圆满完成了我国第一颗人造地球卫星——东方红 1 号的跟踪测轨任务。70 年代初，在航天测控领域首次提出了测控网的概念，并据此进行了规划设计。根据当时我国国情提出了测控系统布局适应多场区、多射向、多弹道飞行试验特点和不同发射倾角、不同运行轨道卫星测控要求的发展思路，确定了以下发展方针：在已有的测控、通信能力的基础上，远近结合、全面规划、箭星兼顾、综合利用，逐步建成一个布局合理、工作协调、适应性强的航天测控网。遵从此方针，于70年代末80年代初，初步建成了我国近地轨道卫星测控网和地球同步卫星测控系统。1984年1月，地球同步卫星测控系统完成了我国首颗地球静止试验通信卫星——东方红2号甲的测控任务；1988年，近地轨道卫星测控网完成了我国第一颗太阳同步轨道卫星——风云1号的测控任务。

（2） 建成新一代航天测控网

20世纪90年代初，为适应载人航天任务的特殊需求，我国开始筹建新一代航天测控网。研制了十多套陆、海基S频段统一测控设备及测控网资源调度中心；新建了东风发射指挥控制中心和北京飞行控制中心，改造了西安卫星测控中心；进行了各测量船、测控站测控通信设施的适应性改造；建立了以数字程控交换为核心，以卫星通信、光纤通信为主干信道的集话音、数据、图像传输于一体的大型科研试验通信专用网。还提高了航天测控网的可靠性、适应性，对中、低轨道航天器的覆盖率达到了15%以上，天地数据传输速率高达2兆比特/秒，可满足载人航天的测控通信要求。1999年11月，S频段测控网成功完成了我国第一艘无人飞船——神舟1号的测控通信任务，标志着我国航天测控网已逐步走向成熟。2008年4月，天链1号跟踪与数据中继卫星成功发射，并在神舟7号任务中试验成功，标志着我国现代化的天、地基相结合的航天测控网的建成，并使我国航天测控网跻身于国际先进行列。

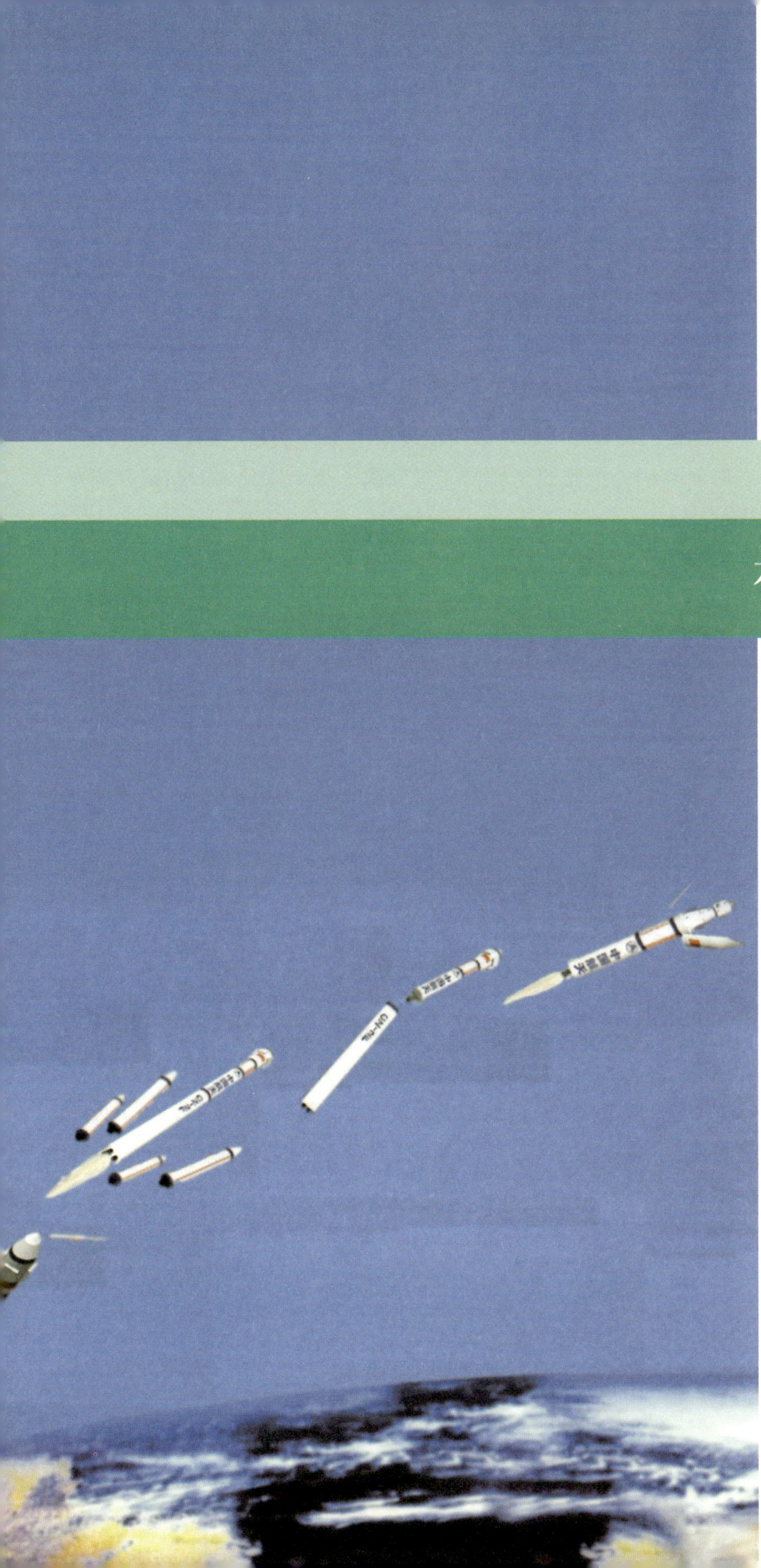

第二章

神箭追踪

航天器发射阶段是航天活动中出现故障概率较高的阶段。运载火箭的测控通信肩负着保证航天员生命安全的重任。让我们从火箭起飞开始，逐步追踪火箭的运行轨迹。

1. 运送飞船之路
——火箭飞行过程

(1) 火箭的飞行程序

运载火箭发射飞船一般要经过如下几个阶段：点火起飞—逃逸塔分离—助推器分离—一二级分离—整流罩分离—船箭分离(图2−1)。

图2−1 长征2F运载火箭飞行时序图

运载火箭点火时，先点燃4个助推器发动机和火箭的一级主发动机，飞行120秒后，负责低空逃逸的逃逸塔与火箭分离；140秒时，4个助推器的推进剂燃烧完毕，与芯级火箭分离，以减小火箭的质量；助推器分离后，火箭飞行至160秒时，火箭一级的推进剂也基本燃烧完毕，此时，火箭一、二级分离；随后，火箭自动点燃二级发动机继续推动飞船飞行；飞行至200秒时，整流罩分离，火箭的二级发动机工作至580秒左右，将飞船送入预定轨道。到达预定轨道后，火箭二级和飞船分离，飞船进入太空无动力飞行。

(2) 测控通信对飞船发射过程的支持

运载火箭点火起飞后，在发动机的推动下飞向太空，火箭全程飞行时间约584秒，箭下点航程达2 100多千米，依次穿越甘肃、内蒙古、陕西、山西、河北、山东六省，最终将载人飞船送入预定轨道。

火箭的发射过程是整个载人航天任务中危险性较高的阶段。为此，载人航天测控网采用多种手段和多套设备对火箭的发射过程进行全程测量与监视，全面监视火箭和飞船的工作状态，一旦出现危及航天员生命安全的故障，立即采取逃逸措施，保障航天员的生命安全。

为保障发射段的全面覆盖，测控网使用火箭航迹附近测控站上的连续波和单脉冲体制测量雷达、实况电视系统、遥测接收设备、遥控设备和光学望远镜等，与火箭上安装的测控合作目标配合，完成对火箭不间断的测控，把握火箭的飞行状态。

此外，为确保航天员的安全，还专门配备了既可通过视频观察航天员状态，又可以与航天员进行通话的天地通信系统。

载人航天测控网在酒泉卫星发射中心、陕西渭南和山东青岛建立了功能强大的综合性测控站，由这3个测控站和太原测量站内配置的测控通信设备，接力完成发射过程中对火箭和飞船的全程跟踪测量。

2. 直观了解飞行状态
——实况图像

(1) 光学望远镜的作用

图2-2 光学望远镜

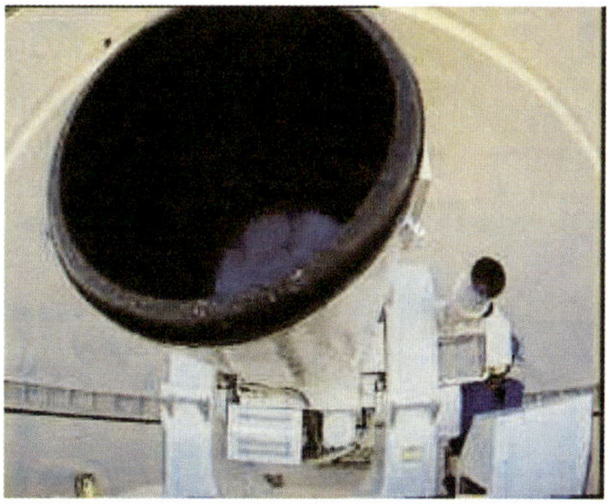

“耳听为虚，眼见为实”。在飞船发射过程中，如果能实时看到火箭的飞行实况景象，可以使我们更直接地了解火箭的飞行状态，直观判断在预定时刻逃逸塔、助推器、火箭一级、整流罩、火箭二级等是否正常分离。

光学测量此时就有了用武之地，它具有很强的直观性。现代光学测量设备综合了几何光学、物理光学、电子学、自动控制、精密机械技术及红外、电视、激光等现代光电子技术。

利用现代光电子技术研制的光学望远镜（图2－2）能够看到远在300千米以外的火箭的清晰图像，是普通望远镜无法比拟的。在载人航天历次发射任务中，光学望远镜拍摄了大量的火箭飞行图像，对任务中实时了解火箭飞行状态作出了巨大贡献，为我国载人航天史留下了珍贵的历史资料，并为广大航天爱好者提供了生动真实的实况电视画面。

（2）光学站的布设

受光学系统观测距离限制，我国载人航天测控的多数大口径光学望远镜都布设在酒泉卫星发射中心附近，较远的一台布设在内蒙古阿拉善右旗的雅不赖镇，主要用于观测整流罩分离的实况景象。历次飞行任务经验表明，在天空能见度较好的情况下，地面光学望远镜可以很清晰地观测到逃逸塔分离、助推器分离、火箭一级分离和整流罩分离4个动作的实况景象。船箭分离动作在高度约200多千米的黄海上空，这里能见度较好的天气少，同时考虑到经济性，我国载人航天测控网没有在国土东部配置光学望远镜对此动作进行监视。

（3）全程火箭实况图像

为了弥补地面光学望远镜作用距离短和易受能见度影响的不足，从神舟6号飞行任务开始，在火箭上安装了两个摄像头，以便火箭飞行过程中实时拍摄火箭的飞行实况，并经无线电信道将拍摄到的实况图像下传至地面，从而获得火箭飞行全程的图像资料。它为我们解决了两个问题，一是实况景象记录不再受天气能见度的限制，二是节约了研制地面光学望远镜的高额经费，具有很高的经济效益。图2－3就是由火箭上安装的摄像头拍摄传回的飞行中的火箭箭体景象。

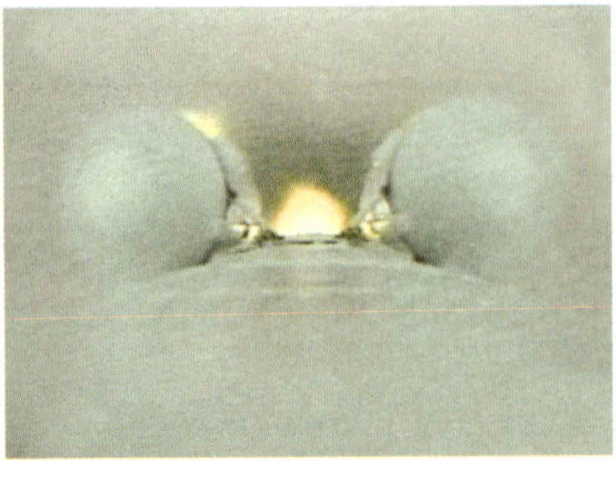

图2－3 飞行中的火箭箭体景象

3. 掌握火箭飞行状态
——弹道测量

(1) 弹道测量的作用

为了随时掌握火箭的飞行状态，如火箭飞到什么地方了？火箭现在的速度是多大？飞船能否入轨？这就需要测量火箭飞行的位置和速度，即火箭的弹道。

测量火箭弹道的方法主要有光学测量和无线电测量。其中，无线电测量又分为单脉冲雷达测量和连续波干涉仪测量两种手段。这三种测量手段（或方法）相辅相成、互为补充，共同完成火箭弹道的测量任务。

(2) 光学测量的用武之地

在弹道测量过程中，每种测量手段各有其侧重点。在火箭起飞初始段，因测量仰角低，无线电测量易受地面杂波干扰，测量精度得不到保证，光学测量成为主要测量手段。利用布设在酒泉卫星发射中心发射场附近的 3 ～4 套光学望远镜完成火箭起飞初始段的弹道测量任务。

光学测量设备可手动或自动跟踪飞行的火箭，得到每一时刻火箭的方位角和俯仰角。各光学测量设备的位置坐标由大地测量系统精确地获得，也就是光学设备间的距离已知，处理相隔一定距离的 2 台或 3 台光学设备同时刻的测角数据，即可得到该时刻的目标空间位置，不同时刻的位置数据对时间微分即可得到目标的飞行速度。当然，如果光学设备加有激光脉冲发射机，则其发出的激光脉冲经火箭上安装的激光合作目标反射回到光学设备，可以得到地面光学设备至火箭的距离，通过单台激光经纬仪的角度和距离信息即可确定火箭的飞行弹道。

(3) 无线电测量的用武之地

受作用距离短的限制，光学测量常用于近距离目标的测

知识链接

光学测量系统简介

光学测量系统是利用光学原理对飞行目标进行飞行轨迹参数测量、状态图像记录和物理特性测量的专用系统。光学测量系统是外测系统的重要组成部分，主要有光电经纬仪、激光雷达、光电望远镜、高速摄影机、红外辐射仪等。光学测量系统具有较高的定位精度，且直观性强、性能较稳定，不受“黑障”和地面杂波干扰的影响，但同时也存在作用距离近、受天气影响大以及目标受光照条件和背景情况的限制等缺点。

量。此外，光学测量还易受大气能见度和恶劣天气的制约。火箭从起飞到将飞船送入预定轨道，将飞行2 100多千米，只依靠光学测量不可能可靠地完成全部弹道的测量，这就需要使用作用距离更远的无线电测量。无线电测量的优点是全天候工作，无线电波可以轻松地穿过云层。

在目前的测量体制中，经常使用两种体制的无线电测量设备对火箭进行弹道测量，一种是单脉冲体制，另一种是连续波体制。

单脉冲体制的测量设备——地面雷达，主要测量雷达至火箭的方位角、俯仰角和距离，它的测量元素与具备激光测距功能的光学设备类似。单脉冲雷达沿火箭飞行航迹方向分别布设在发射场、陕西渭南、山西太原和山东青岛测控站，相继接力跟踪火箭，完成发射段的全弹道测量。

为了得到精度较高的速度数据，增加了连续波体制的测量雷达，又称为连续波干涉仪。这种雷达依靠一个主站和多个副站相结合的方式，利用多普勒效应测得精度很高的速度数据。在发射场附近和太原配置了2套连续波雷达，可以测量火箭起飞后40秒至船箭分离期间火箭飞行的速度数据。

发射指挥控制中心的计算机系统对上述这些测量信息进行选优，并进行综合处理，可得到精度更高的弹道数据。

知识链接

多普勒测速

在使用无线电通信时，当发射源和接收者之间作相对运动时，接收到的信号频率将发生变化。彼此接近时，接收频率将高于发射频率；彼此远离时，接收频率将低于发射频率，这种现象称为多普勒效应。

利用多普勒效应可以完成对目标的速度测量，这样的系统称为多普勒测速系统，其测量原理是由地面设备发射频率固定的载频信号f_1，火箭或航天器上应答机接收到的频率为f_2，将f_2与f_1作差获取多普勒频率，从而获取目标相对于测量站的径向速度。

知识链接

脉冲雷达与连续波雷达测量原理

单脉冲雷达是以脉冲式射频信号工作的无线电跟踪测量系统，有应答式和反射式两种工作方式。单脉冲雷达能从一个回波脉冲中提取出角度跟踪所需的全部信息，实现对目标的自动跟踪。通过测量带有“标记”的发射脉冲信号与经目标返回的回波脉冲信号间的时延，测量出雷达至目标的距离；通过窄发射波束对目标的跟踪从天线座架上读得目标相对于雷达的方向角；用一个锁频回路对叠加有多普勒频移的中心谱线进行频率跟踪，可实现对目标的径向速度的测量。

通常，把采用连续波射频无线电信号进行工作的各类系统归于连续波跟踪测量系统。载人航天工程中应用的是具备测速定位功能的连续波测量系统。该系统属于上、下行载波相参多站测量系统，由一个主站和若干副站组成，其主、副站之间采用基线传输手段，实现主、副站之间载波频率的相参，构成连续波干涉仪测量系统。

脉冲雷达

连续波雷达

4. 来自火箭的报告
——火箭遥测

(1) 看到高速飞行火箭的内部

在火箭飞行过程中，地面除了对火箭进行外弹道测量外，另一项很重要的任务就是监视火箭在飞行过程中各分系统的状态。火箭在飞行中，会将火箭各分系统的一些状态参数通过无线电信道下传至地面，供技术人员分析，我们称之为“遥测”。相关技术人员通过分析遥测信息，就能够判断火箭是否“健康”，各分系统工作是否正常，随时掌握其变化情况。当火箭出现异常情况，遥

知识链接

遥测原理

遥测是将一定距离外被测对象的参数，经过感受、采集，通过传输媒介送到接收地点并进行解调、记录、处理的一种测量过程。在发送端，待测参数通过传感器转换成电信号，再通过信号调节器变换成适合采集的规范化信号，如电压或电流。多路复用装置将多路规范化遥测信号按一定体制集合在一起，形成适合于单一信道传送的群信号，再调制到发射机的载波上，经功率放大后通过天线发向接收端。接收端工作流程与发送端正好相反。遥测系统是航天试验任务获取飞行试验数据的重要手段，其作用不可替代。

遥测系统接收天线

测信息往往会快速反映火箭工作情况的变化，以使技术人员和专家能提前预知火箭即将出现的故障，进而据此对可能出现的故障进行预判，并及早采取应对措施。

此外，遥测系统还能将火箭制导子系统的飞行速度信息发至地面，通过处理得到火箭的飞行弹道。火箭上装载的卫星导航接收机实时测得的弹道和原始测量信息也可以通过遥测系统发至地面。这几种弹道参数可与地面通过雷达弹道测量的结果相比较，综合判断火箭飞行的准确程度。

（2）天地配合共同完成火箭的状态监视

遥测信息的采集、传输和处理，需要天地之间密切配合才能完成。在火箭上的关键部位安装有传感器，对各分系统的工作状态信息进行实时采集，这些信息最终汇集到箭上遥测中心程序器，在此完成信息的组帧，即将所要传输的信息按照规定的格式编排，通过箭载无线电发射机和天线向地面发送携带有信息的无线电波。地面在发射场、陕西渭南和山东青岛布设了火箭遥测接收设备，接收火箭飞行全弧段下传的遥测信息。

地面遥测接收设备收到信息后，对需要实时使用的信息进行挑选，再按预先规定次序重新进行组合，将它们传送至发射指挥控制中心。发射指挥控制中心将收到的信息加以处理，以图表形式显示在监视器上，供技术人员分析，监视火箭的工况和健康状态。

5. 发射段故障的处置
——逃逸安全控制

(1) 为什么需要逃逸安全控制

飞船在各个飞行阶段都有可能发生故障，而在发射段发生故障的概率较高，据统计，约占故障总数的36.8%。

为了保证航天员在发射段的生命安全，在传统火箭安全系统上增加了帮助航天员逃离故障火箭的逃逸系统。逃逸是指让航天员乘坐的飞船及时离开发生严重故障且会危及其生命的火箭。这个过程与飞机出现故障时飞行员利用弹射座椅逃生的过程大致相似。飞船逃逸后，飞船启动应急程序安全返回地面。安控是指发射场对故障火箭实施指令炸毁的控制。火箭体积庞大，推进剂贮箱犹如一个巨型炸弹，有的推进剂还有剧毒，在火箭飞行速度低于入轨速度的飞行段，火箭一旦发生故障会直接落到地面，如果落到人口稠密地带，必定会带来重大人员伤亡和环境污染；如果落入他国领土，还会引起严重的国际纠纷。安控的任务就是选择合适的时机将故障火箭在空中炸毁，保证地面人员和设施的安全。

在逃逸安控的实施过程中，必须首先确保航天员逃逸成功，在飞船与故障火箭分开一定距离后，才能实施火箭的安控，否则会危及航天员的生命安全。

(2) 逃逸控制的流程

飞船的逃逸控制是不可逆转的动作，一旦实施逃逸，飞船就会与火箭脱离。因此，对于逃逸控制的实施，有极其严格的操作程序。

首先，地面逃逸安控工作人员在计算机系统的辅助下，判断火箭和飞船的飞行状态，重点关注与飞行姿态和飞行轨道有

知识链接

安控设备

完成安控任务的地面设备称为发射场安全无线电遥控系统。这类设备对可靠性、抗干扰性和保密性要求很高。在火箭发射过程中，如果航天器出现故障，飞行轨迹出现异常，经安全判决确认必须终止飞行时，就使用发射场安全无线电遥控系统，实时、可靠地发送安全控制指令，将火箭的发动机关闭或炸毁，或者将燃料释放，停止火箭飞行，并使火箭的残骸落入安全地带，达到保护航区重要目标安全和避免因火箭落入境外可能引起国际纠纷的目的。

发射场安全无线电遥控设备

关的参数。在出现故障时，计算机会自动判别是何种故障，并提示相应的应急操作程序；地面逃逸安控工作人员根据预案及对策向逃逸指挥官提出是否实施逃逸的意见；逃逸指挥官根据自己的判断，同时参考工作小组的意见，最终决策是否需要对飞船实施逃逸控制。

一旦决策进行逃逸控制，逃逸指挥官就向逃逸控制台操作手下达发送逃逸控制指令的口令，操作手发出逃逸指令，逃逸指令经测控站同时发送到飞船和火箭，火箭和飞船不管哪一方先收到逃逸指令均立即执行。该指令控制飞船和火箭脱离，同时，火箭和飞船通过遥测信道向地面报告逃逸执行情况。

(3) 安全控制的流程

为了保证航区地面人员和设施的安全，在飞船逃逸后，还需要对故障火箭实施炸毁控制，即安全控制。

安全控制的流程与逃逸控制的流程基本一致。在飞船成功逃逸、飞船与火箭之间的距离足够远之后，安控指挥官根据预先制定的方案命令安控操作员发送安控指令。安控指令从安全控制台经直通线路送至安控设备，对火箭进行实时跟踪的安控设备收到安全控制台送来的安控指令后，立即向火箭发送，火箭收到指令后通过箭上安全控制设备执行火箭炸毁。

6. 飞船发射成功的标志

运载火箭的任务就是将载人飞船送入太空。在火箭将飞船推至预定高度和速度后，火箭和飞船分离，飞船进入预定轨道，即表明发射成功。那么，如何判断发射是否成功呢？

地面判断发射是否成功的标准有两点：一是船箭是否正常分离，二是火箭是否将飞船送入预定轨道。判断的主要依据有弹道和遥测两种信息，地面测控站和海上测量船上的雷达测量火箭和飞船的轨道，雷达测量数据传送到发射指挥控制中心后，中心计算机系统会计算出分离点参数和飞船入轨后的初始轨道根数，与理论轨道进行对比，差别在允许范围内则可以认定飞船轨道满足要求。地面遥测设备接收火箭和飞船的遥测信息，选出和处理船箭分离以及飞船入轨时的有关参数，专家和技术人员在判定主要参数正确后，便可认定发射成功了。

7. 飞船和火箭上的测控设备

(1) 应答机

火箭、航天器上配合地面测控设备工作的有测距应答、测速应答、遥测采集发射、安控指令接收和通信收发等设备。在早期，这些都是分离设备，为减少装载在飞船上的设备质量、功耗和相互干扰，将这些功能尽量综合在一个频段的设备中，形成目前载人飞船上常用的S 频段应答机。

一旦火箭、飞船离开地面，测控通信系统就是地面与飞船之间的唯一“连线”。地面测控设备与飞船、火箭上的测控通信设备则是这条线上的两个节点，只有相互协作才能完成任务。

装载在飞船和火箭上与地面设备协同工作的测控通信设备称为应答机，它接收地面上行发送的信息，同时，向下发送飞船和火箭的遥测和通信信息，并转发地面站上行发送的测距信息。为了保证上天产品的高可靠性，往往对飞船和火箭上应答

知识链接

首区和航区

首区是指火箭发射台周围大约100千米的地区。

航区是指火箭飞行弹道下方地面航迹附近的地区。

首区、航区内均配置多种测控、通信台站，对火箭和飞船进行跟踪、测量，提供任务所需的各种实时和事后测量数据。

机的技术要求相对宽松，而将高要求的、复杂的工作交由地面测控通信设备来承担。

火箭和飞船上安装的测控设备还有一种仅单向发射信号的信标机，主要用于帮助地面测控设备捕获目标，便于地面测控设备尽早发现目标并快速进入状态。火箭上安装的脉冲应答机、连续波测速定位应答机与地面脉冲雷达和首区、航区干涉仪系统配合，完成对火箭的高精度测速定位；火箭上的安控指令接收机和逃逸指令接收机是接收地面安全控制和逃逸控制指令的远端设备。

(2) 激光合作目标

火箭激光测距一般使用角反射器作为合作目标，它是一个直角锥体，如同正方体的一个截角，三个互相垂直平面的交线相交于一点，底面为一个三角形。当入射光线以任意角度入射至角反射器底面时，反射光线经过三个直角面（反射面）依次反射后总是沿与入射光线平行的方向反射回去，从而大大提高回波信号的功率。

为跟踪载人飞船的发射，在多个站点上布置了激光测距设备，为保证激光测距设备能在更宽视角内以高回波率接收反射回波，运载火箭上常安装多组激光合作目标，根据需要，每组激光合作目标中安装多个角反射器。

第三章

“遥”控神舟

如果说飞船是风筝，那么国内外测控站和分布在三大洋的测量船就是牵住风筝的那根线，航天飞行控制中心就是放风筝的人，始终掌控着它，保护着它。

1. 飞船在太空中是怎么飞行的

（1）飞船靠什么动力飞行

飞船在太空中的飞行速度约为7.7～7.9千米/秒，远远大于汽车和飞机的速度。飞船是依靠什么飞行的呢？尽管飞船的飞行速度大得惊人，它在太空中的飞行是一种惯性作用下的自由飞行，本质上更像我们扔出去的一块石头在空中的运动。人在地面上向前扔石头，扔的力量越大，石头落得就越远，如果力量足够大，抛到空中的石头就不会落下来，而是绕着地球飞行。如果力量更大的话，石头甚至可以飞出地球引力场，不再环绕地球飞行（图3－1）。飞船正是依靠运载火箭提供的强大动力，获得了一定的飞行速度，才实现了绕地球的飞行。当然飞船自身也带有发动机，但主要是用来对其飞行轨道进行调整。

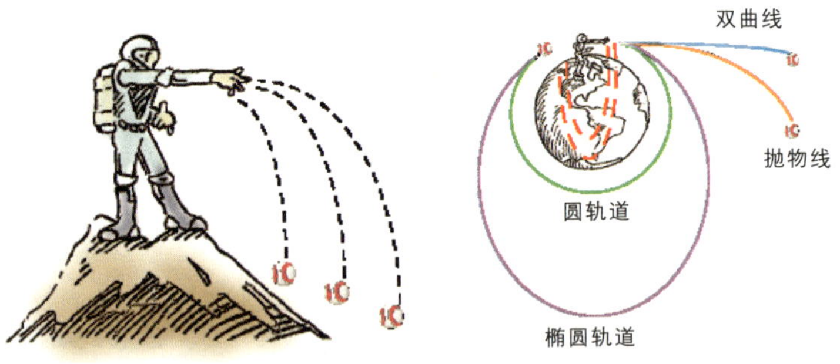

图3－1 形成环绕飞行示意图

人抛出的石头在地球引力作用下将落回地面，因为人的力量不够大，抛出的石头速度太小，不足以克服地球的引力实现绕地球飞行。那么多大的速度才够呢？根据牛顿力学计算，如果不计大气阻力，在地球近表面这个速度约为7.90千米/秒，称为第一宇宙速度。随着高度增加，地球对其引力会减小，实现环绕飞行的速度也会减小，在飞船入轨点（就是运载火箭与飞船的分离点，高度大约200千米），实现环绕的速度是7.78千米/秒，而在35 786千米高的地球同步轨道上，环绕飞行速度仅为3.07千米／秒。神舟7号载人航天飞行任务中，飞船入轨点速度约为7.8千米／秒，因此可以实现对地球的环绕飞行。

（2）飞船沿什么样的轨道飞行

飞船进入轨道后，受到的最主要作用力依然是地球引力，其他如大气阻力、太阳光压和第三体（例如月球）引力等的总和不到地球引力的千分之一。如果不计其他受力，对于只受中心引力的物体，德国科学家开普勒早在17世纪就提出了描述其运动的开普勒三定律。对于飞船来说，它在太空中的飞行轨迹是一个椭圆（图3–2、图3–3），椭圆的焦点之一为地心，这个轨迹通常称之为飞船轨道。现代航天动力学理论通常采用6个开普勒轨道根数来描述飞船轨道：半长轴（a）、偏心率(e)、轨道倾角(i)、升交点赤经(Ω)、近地点幅角(ω)和过近地点时刻(t_p)。

在上述6个开普勒轨道根数中，半长轴和偏心率决定了椭圆轨道的大小和形状。半长轴越大，椭圆轨道近地点（距地心最近的点）和远地点（距地心最远的点）之间的距离越大，也就是看上去椭圆长度越大。半长轴同时决定了轨道运行的周期，半长轴越大，轨道周期就越长。偏心率刻画了椭圆的形状，偏心率越大，椭圆就越扁，反之则越圆；椭圆半长轴和偏心率给定后，椭圆的大小和形状就确定了，椭圆半短轴 b 也唯一确

图3–2 三维空间中的飞船轨道(左)

图3–3 二维空间中的飞船轨道(右)

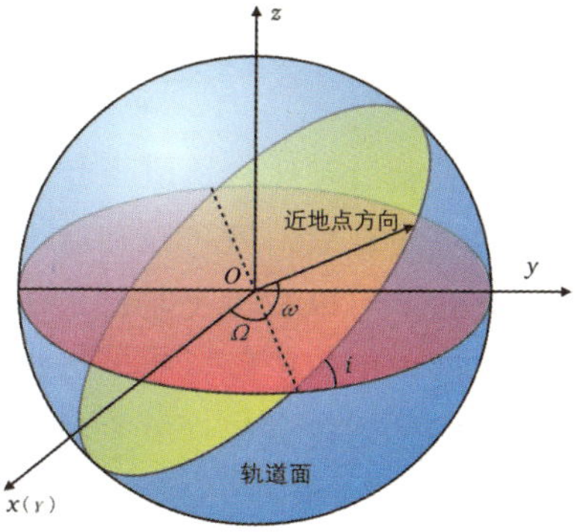

注：O-xyz 为J-2000地心惯性坐标系，O 为地心， O-xy 平面为赤道面，Oz 轴指向北极方向，γ 为春分点方向

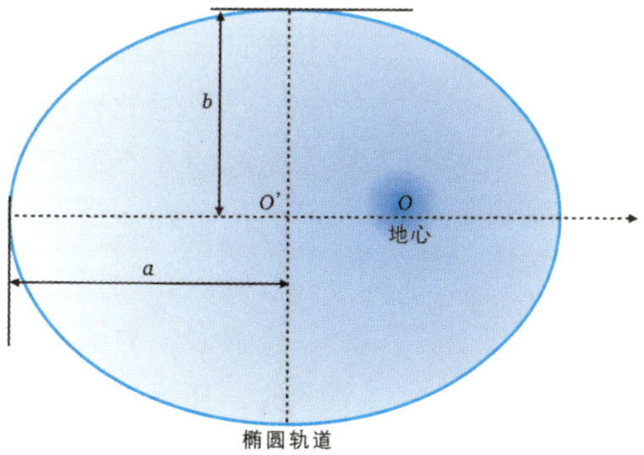

定。倾角和升交点赤经决定了轨道平面在空间的位置，倾角是轨道平面与赤道平面的夹角，升交点赤经用于规定轨道平面的方位，定义为春分点方向（地球绕太阳运动的轨道面与地球赤道面交线方向）与飞船轨道面和赤道面交线方向的夹角；近地点幅角决定了椭圆在轨道平面内的方位；过近地点时刻用于规定飞船在轨道上飞行的时刻与空间的关系。根据这6个轨道根数，可知道任意时刻航天器的位置和速度。

飞船轨道通常设计成两天回归（或三天回归）型，即飞船船下点轨迹（飞船运行轨道在地球表面的投影）两天（或三天）后是完全重复的。为保证航天员的安全，飞船在轨运行的每一圈都要保证能够应急返回到合适的地面着陆区。由于采用这种轨道时飞船的船下点轨迹两天（或三天）后完全重复，所以大大简化了地面应急着陆区的设计。我国的神舟飞船在船箭分离后，首先进入一条近地点高度约为200千米、远地点高度约为350千米的椭圆轨道，运行5圈后通过远地点变轨使轨道变成350千米高、周期约为90分钟的两天回归型圆轨道。

2. 如何确定飞船的轨道

(1) 飞船轨道确定的原理

飞船在广袤的太空中高速飞行，地面如何知道飞船现在在哪里，将来又飞向何处呢？这就要谈到测控网的一项重要职能，即飞船轨道的确定和预报。

飞船的轨道确定就是估算飞船沿着什么轨道飞行，即估算飞船的6个轨道根数。轨道估算出来后，就可以知道飞船现在的位置和速度。通过轨道预报，还可以知道飞船将来任一时刻的位置和速度。当然，实际问题中由于影响飞船运行轨道的因素很多，要想准确预报飞船轨道，不仅需要估算飞船的轨道根数，还需要估算很多影响轨道的其他参数。

那么，地面是如何估算飞船轨道的呢？首先通过地面测控站测量飞船相对于地面测控站的距离、距离变化率和角度等测量信息。仅有这些测量信息我们还无法直接得到飞船的轨道，但我们可以对飞船的受力进行较为准确的建模，如建立高阶的地球引力场模型、大气模型、太阳光压模型和第三体引力模型等。据此，给定一个飞船的初始状态后，就可以较为准确地计算相应的飞船轨道，当飞船轨道对应的理论量与实际观测量出现偏差时，根据这个偏差修正飞船的初始状态，直到偏差足够小为止，这就是轨道确定的过程，如图3-4所示。完成轨道确定后，根据飞船动力学模型进一步计算未来时刻飞船的位置和速度，就是轨道预报。

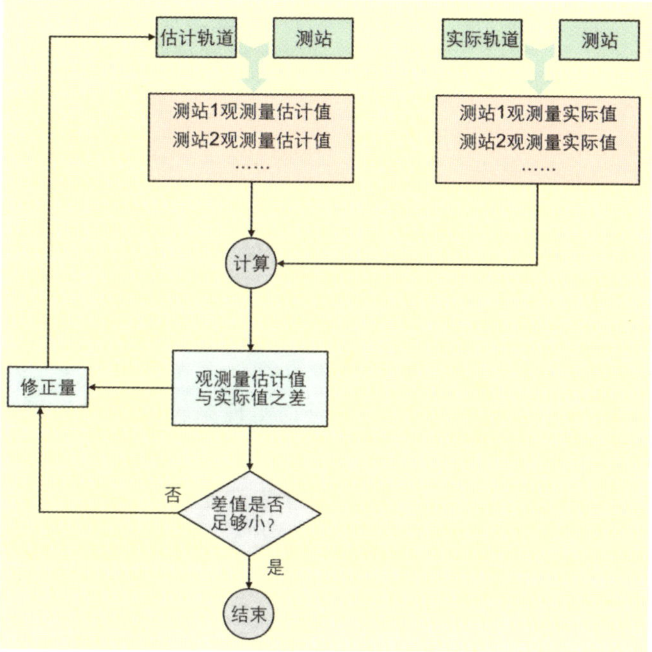

图3-4 轨道估算过程示意图

(2) 飞船轨道确定的精度

飞船轨道确定和预报是对飞船现在和未来的位置、速度的估算，既然是估算，就有一个精度问题，这个精度称作飞船的定轨预报精度。

定轨预报过程中涉及很多因素，各因素都将对定轨预报精度产生影响。总体而言，定轨预报精度主要与观测时长、观测数据的精度及力学模型的准确度有关。

什么样的观测数据比较好呢？当然是观测数据越多越好，观测精度越高越好。不过，这些特性又与投入和代价紧密相关。比如观测时长的问题，如前所述，对于300多千米高的飞船轨道，要想增加对飞船的观测时长，就需要增设测控站（船）。而建立测控站需要高额费用，布设测量船代价更昂贵。对于测量精度问题，在飞船与地面之间往返的电波信号要受大气层和电离层的影响，直接影响测量精度。测控站本身的定位精度，测量设备的测量精度，当地的温度、湿度和压强等因素也会对测量精度产生影响。另外，时频统一精度、站址的大地测量精度也是影响测量精度的重要因素。

什么样的力学模型比较好呢？当然是力学模型准确度越高越好，但要建立准确的力学模型也不是一件容易的事。经过科学家多年的探索，地球引力模型已经达到了很高的精度，而对于大气，由于其本身复杂多变和高度的不确定性，且受太阳和地磁活动的随机变化影响，很难建立准确的模型。由于飞船轨道高度较低，受高空残留大气影响显著，因此对于低轨道飞行的飞船，实现高精度定轨预报是很困难的。

除观测量和力学模型外，轨道确定和预报所用的数学计算方法的好坏以及参数设置经验，也会影响飞船的定轨预报精度，因此，实现飞船的高精度轨道确定和预报，也是一种高技术。

3．如何“掌握”飞船的运行状况

（1）遥测——布设在飞船内的“耳目”

飞船升入太空后，地面还能知道它内部的各种情况吗？在飞船运行过程中，测控网像一张密实的天网，随时掌握着飞船的“一言一行”、“一举一动”，不仅能报告飞船所在位置、飞行速度，还能随时报告飞船工作是否正常、任务完成情况以及航天员对飞船的操作等一系列情况，这就是测控网的另一个功能——遥测。

遥测是用远距离目标本身携带的传感器和电子设备，对被测对象的参数进行感知、采集，通过传输媒介送到接收地点，并进行记录和处理的测量技术。就像医生用仪器对病人进行检查，然后将取得的数据送至远方的专家来诊断病情一样。遥测的内涵是“近测远传”，是地面对飞船远距离诊断的“耳目”。遥测是测控网中不可或缺的重要组成部分，借助遥测系统，人们能够对太空中飞船的内部情况了如指掌。

（2）“掌握”什么

在飞船运行阶段，遥测成为人们了解飞船内、外部情况的重要手段。借助该手段，地面能判断出以下问题：

1）飞船的飞行姿态是否正确？

2）飞船入轨后太阳电池帆板是否正常展开？飞船所需的电源是否充足？

3）飞船各分系统工作是否正常？有没有出现故障？如果有故障，是哪个系统的什么部位的什么部件有问题？

4）飞船各舱段内的环境如何？是否出现异常情况？是否发生气体泄漏？剩余的氧气能否坚持到飞船返回地球？异常情况是否对航天员的安全造成威胁？

5）在轨进行的一系列科学实验的结果怎样？

6）飞船内的航天员身体状况如何？心跳有没有加快？血压是多少？

……

在充分了解飞船内部和航天员的情况后，地面就能有的放矢地采取相应措施应对一切正常或异常情况，也可为飞船研制单位和应用部门后期进行工程改进和应用研究提供依据。

（3）信息的感知和传送

由于地面必须随时掌握飞船本身、航天员和船上仪器的工作情况和所处状态，因此感知的信息多达几千种。这些信息来自不同类型的传感器，大小不一，变化快慢不同，但必须采取一定的技术措施通过同一射频通道往地面传送。例如，先将各传感器的信号放大到同一范围，按不同频率对各信号采样（至少为信号变化速率的 2 倍），编码成数字信息，再按预定的编排格式将各路信息排列起来成为统一数据流，形成遥测数据帧。其中快变信号每帧发多次，而慢变信号可能几帧才发一次。统一数据流再对载波调制，经功率放大后发向地面。地面接收解调后，再将数据流按发送时的编排格式分解为各路数据，通过处理还原成原感知信息。

这些感知信息包括飞船上仪器的工作状态、探测信息以及航天员话音等。

所有遥测信息都通过分布在国内外的多个测控站和测量船接收、解调成数据流后通过通信系统传送到飞控中心。

在飞控中心，数据流将按发送时的编排格式被分开，通过一定的数据处理方法还原成原感知信号，显示在各系统专家的面前。这些专家中，有负责飞船运动状态的，有负责飞船平台工作情况的，有负责飞船内部环境状况的……整个飞船的飞行情况和工作状态一目了然。

当飞船处于测控网的覆盖范围时，地面可以实时接收飞船下传的遥测信息。然而大部分时间里，飞船处于地面站可视范围之外，飞船此时的状况该如何送往地面呢？实际任务中是通过“延时遥测”（又称“延迟遥测”或“记忆重发遥测”）来实现的，也就是将采集到的数据暂存在飞船上，待飞船进入地面站可视范围内时再发射下来。延时遥测与实时遥测按一定比例搭配，交叉排列，组成组合遥测帧下传，二者通过数据帧的同步头加以区分。

4. 如何“掌控”飞船

(1) 遥控——“掌控”飞船的无形之手

遨游在太空中的载人飞船是如何乖乖地听命于数百千米之外地面人员指挥的呢？其实，问题很简单，不管“神舟”飞到哪里、飞得多远，始终有一只无形的大手在“掌控”着它，这只大手就是测控网的另外一项功能——遥控。

遥控是对飞船实现远距离控制，即将地面的控制指令转换为无线电信号，远距离发送到飞船上，实现对飞船各相关系统、仪器设备的控制。当然，有些操作也可对航天员发出命令，由航天员完成操作。

(2) “掌控”什么

地面借助遥控能够控制飞船的飞行轨道，“指导”飞船完成重要的飞行事件，控制飞船内仪器的动作，进行科学实验和特定工作……

当飞船需要变轨时，地面通过遥控功能注入变轨所需要的控制参数，让飞船动力系统按此参数在规定姿态下按规定时间点火，使飞船从原轨道变为所需轨道。

飞船在飞行过程中，如果发生无法排除的故障，可通过遥控使飞船停止预定工作，立即应急返回。

飞船返回舱、轨道舱一般装有多台摄像机。为配合航天员进行出舱活动，在舱外还安装有摄像机。由于飞船下行信道带宽有限，不能将所有拍摄信号同时传输到地面，地面可通过遥控在摄像机之间选择最能反映活动实况的一路或两路下传，对重要活动情况进行实时监视。

飞行使命完成后该“回家”了，此时要通过遥控功能向飞船注入返回过程中需要的各种控制参数，并协助飞船完成制动变轨、调姿、轨道舱与返回舱分离以及推进舱与返回舱分离等一系列动作。

(3) 如何“掌控”

在日常生活中，通过无线方式控制一定距离外物体的例子比比皆是，如电视和空调的遥控器。飞船遥控也采用无线方式，其过程可概括为遥控指令的形成、传输、译出与执行，与电视遥控器相类似（图3－5）。

例如，根据任务计划，飞船在发射升空后的第5圈，要将运行轨道由椭圆轨道变为圆轨道，首先，地面测控中心通过测轨、遥测系统提供的飞船实时飞行状态和工作状态信息，确定变轨的时机和变轨所需的控制量。然后，由飞行控制中心的专用计算机生成遥控程序、遥控指令和需要注入的变轨数据，并

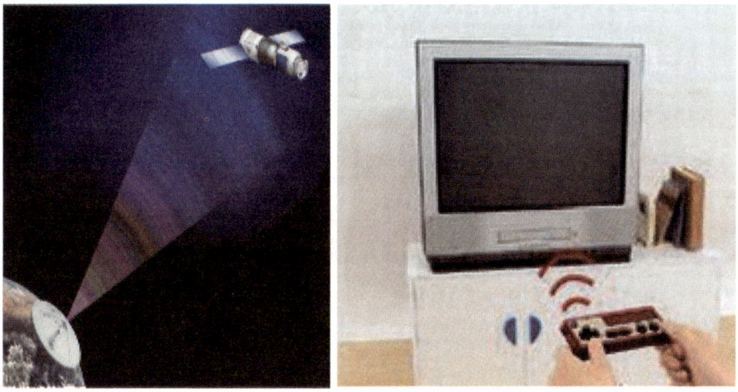

图3－5 地面遥控飞船与遥控电视的对比示意图

送往遥控系统监控台，生成的指令经通信系统传输至相应的测控站、测量船，再由遥控设备以无线方式发送给飞船。

在飞船上，遥控指令接收机对遥控指令和注入数据接收、解调后，经译码器译码识别，检出指令和数据，送往飞船上的遥控分系统，由遥控分系统或经数据管理分系统对飞船工作状态或工程参数实施控制。

实际上，飞船上的许多动作是靠存储指令按时间或条件满足时再执行。这些指令大都是在飞船位于地面测控站作用范围内时上行发送，并存储于计算机的存储器中的，有些指令在飞船发射前就已经预存在存储器中，一旦飞船上的计算机程序和

知识链接

常用的发令方式

常用的发令方式有远程发令、本地发令、遥控终端（或控制台）应急发令。

远程发令

远程发令是指对航天器的控制指令和注入数据由航天指挥控制中心产生，然后通过卫星通信、光纤通信、微波接力通信等手段，传送至远离中心的测控站，并由中心直接控制测控站的遥控装置向航天器发送。

本地发令

本地发令是指由测控站计算机生成并发送指令。采用这种方式时，事前由航天指挥控制中心将测控计划及遥控数据传到测控站计算机。当航天器经过测控站的可视范围内时，由测控站生成控制指令向航天器发送。

应急发令

应急发令是根据指挥员口令，由遥控终端或监控台手动发送指令。

知识链接

如何验证指令发送的正确性

遥控指令发送是否正确，在地面是通过小环比对来检验的。所谓小环比对，是发射机在向航天器发射信号的同时，用小环检测接收机接收发射的信号，并将解调的副载波送终端机解调、译码和比对，检验所发送指令是否正确。如果错误，则决定是否采取重发措施。当然，最终效果要看航天器对指令的接受和执行情况，这要由遥测返回的信号来判断。如果已经达到控制目的，这条指令的任务就算完成，可以进行下一步控制；否则，可考虑重发。

知识链接

遥控数据保护

遥控信息的安全性始终是航天器遥控系统设计和任务实施过程中最重要的问题之一，在电子对抗日益发展的今天，遥控信息面临更为复杂的环境，故应更多地利用数据保护技术来提高安全性。常用的保护手段有3种：

加密业务——使用数据加密算法将明文数据变换为密文数据，以防止数据内容泄露。

完整性业务——通过检查数据完整性，可以识别被非法者篡改的数据并拒收。

认证业务——通过检查经过加密业务或完整性业务保护的数据源地址、数据发送序列计数等，防止非法者伪造数据攻击。

指令发生扰乱，或者情况发生变化需要改变和修改程序时，也可以通过遥控链路上行发送修改信息到飞船上。

5. 地面如何与太空中的航天员通电话

(1) 天地通话系统

大家都知道，地面不同地点的两人之间利用移动电话通信，需要手机电话以及覆盖一定区域的众多无线基站。移动电话通信与地面固定电话通信的区别在于前者不使用复杂的纵横交错的地面有线传输网络，而是采用无线电波传输信号，用户可以随时随地进行通话。

天地通话类似于移动电话通信，首先需要在地面和飞船配置天地通信设备，沟通无线天地通信信道（图3－6）。

目前我国载人航天工程天地通信采用S频段统一测控通信系统、天地超短波通信系统、短波通信设备和海事卫星中继系统。S频段统一测控通信系统具有双向数字话音通信、视频图像传输、测轨、遥控及遥测多种功能；天地超短波通信系统利用超短波无线电信道传递双向数字话音和航天员关键生理遥测参数；短波通信设备利用短波无线电信道传输半双工模拟话音或定向信息；海事卫星中继系统利用微波信道通过地球同步静止轨道卫星传输数字话音或遥测数据。这些设备中S频段统一

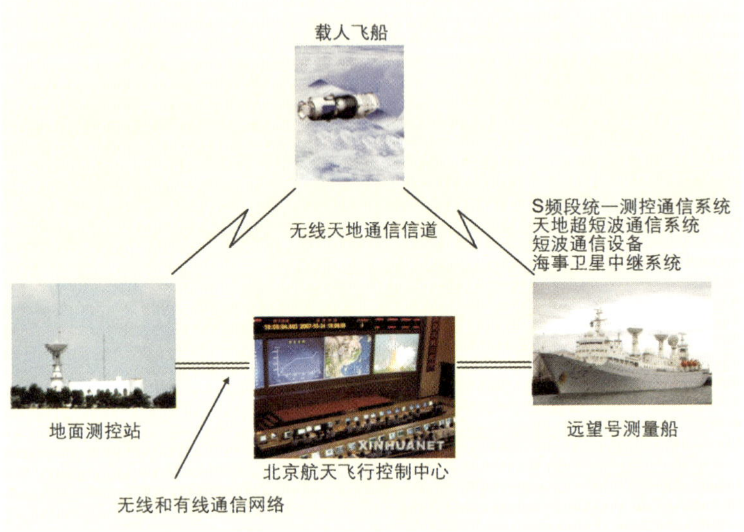

图 3－6 天地通信信道示意图

测控通信系统为主用设备，其他设备作为辅助手段，保证地面与航天员间通话的稳定可靠。S 频段通信和超短波通信的传输能力强，但通话范围限于地面站对飞船的可见区域；短波通信设备简单，利用经电离层反射的无线电波可进行超视距通信，通信范围可扩大到地面站可见范围之外；经海事卫星的通信，由于海事卫星在距离地面约 36 000 千米高度的地球同步静止轨道运行，通信覆盖区域可扩大到全球，但海事卫星信道传输数据速率低，传输能力有限。

由于受飞船体积和功耗的限制，通常飞船上安装的天地通信设备尺寸较小，发射功率不大。飞船上的通话终端有与航天服（舱内压力服）结合的头盔式通话组合和普通头戴式通话组合两种类型（图 3－7）。由于飞船内噪声比较大，要求这些通话组合具有较强的抗噪声能力。在飞船返回舱航天员座椅附近以及飞船轨道舱内均安装有话音插座。话音插座设备与飞船上

图 3－7 航天员配戴头盔式通话组合及普通头戴组合

的天地通信设备的输入、输出端相连，终端与舱内压力服上的头盔式通话组合或普通头戴式通话组合相连。在载人航天飞行任务的待发段、上升段以及返回着陆段，航天员处于返回舱，穿着航天服，使用与舱内压力服结合的头盔式通话组合与地面通话。在飞船运行段，飞船正常飞行，航天员穿着工作服在返回舱和轨道舱内工作，使用普通头戴式通话组合与地面通话。

为了和太空中的航天员通话，地面站也要配备相应的天地通信设备。为了保证通信质量，弥补飞船设备发射功率小、接收机灵敏度低的不足，地面站设备一般要采取提高发射机发射功率、使用高增益定向跟踪天线以及提高地面接收机灵敏度等措施。地面站经过卫星通信电路或地面光纤通信电路与北京航天飞行控制中心沟通通信电路，使航天员与指挥人员直接通话。多种天地通信系统相结合，连接着飞船和北京航天飞行控制中心，保证地面与航天员的天地通话就像我们在地面打电话一样自然、清晰。

(2) 天地通话过程

地面与太空中的航天员通话，一般在地面站测控通信覆盖区内进行。

飞船进入某个地面站测控通信区前 30 分钟，地面站天地通信设备以及其他相关设备开机，接通与北京航天飞行控制中心的通信线路。

飞船进入测控通信区后，飞船仪表板显示“飞入通信区”，航天员就位，飞船执行程控进站指令链。地面通过 S 频段统一测控通信系统控制飞船天地通信设备开机工作并设置相应的工作状态。地面 S 频段统一测控通信系统加载上行话音副载波，天地超短波通信系统加激励，海事卫星中继系统终端拨号建立与飞船的天地通信信道。通过天地通信设备，北京航天飞行控制中心调度指挥人员与航天员沟通联系，航天员报告飞船基本情况；按照飞行程序的安排，北京航天飞行控制中心调度指挥人员协调地面其他人员与航天员通话。通话结束后，北京航天飞行控制中心调度指挥人员通知航天员，结束本测控通信区的通信。

飞船飞出测控通信区前，地面S频段统一测控通信系统向飞船发送遥控出站指令链，飞船S频段统一测控通信系统接收并执行遥控出站指令链，飞船执行程控出站指令链，飞船仪表板显示“飞出通信区”。地面站根据北京航天飞行控制中心调度指挥，关闭地面站相关设备，结束本测控通信区的工作。

(3) 舱外航天员如何通话

我国神舟7号载人航天飞行任务的一项重要使命是航天员首次走出轨道舱，进行出舱活动。在此期间，航天员怎样与地面进行天地通话呢？

出舱航天员与地面进行天地通话，要经过出舱航天员与载人飞船、载人飞船与地面测控站、地面测控站与北京航天飞行控制中心的载人航天测控通信链路（图3－8）。其中，出舱航天员与载人飞船的通信链路，是相对于舱内航天员与地面天地通话而新增加的通信链路。出舱航天员与载人飞船的通信链路有两种：一种是有线方式，即出舱航天员与飞船之间由电脐带连接，传输话音信号；另一种是无线方式，即航天员舱外服中携带的无线通信设备与飞船中相应的出舱无线通信处理器，构成出舱航天员与飞船之间的无线通信链路。在航天员出舱活动期间，以无线通信方式为主进行天地通话。

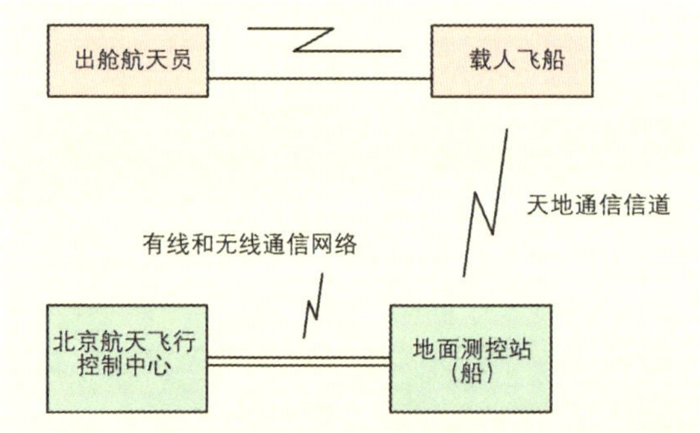

图3－8 出舱活动天地通信信道示意图

(4) 天地话音的编码体制

天地信道传输的话音为编码后的数字信息，话音编码的目的是将模拟话音信号用尽量少的数字位实现数字化，使被编码和压缩后的信息，占用尽可能少的天地信道资源，在带宽有限的天地信道中进行高效传输。

话音编码算法可分为波形编码、参量编码和混合编码3大类。

波形编码以重构话音波形为目的。用编码数据表示话音信号的时间波形，在解码端通过重构与原始信号相似的波形来恢复近似的话音。脉冲编码调制（PCM）、自适应增量调制（ADM）、自适应差分编码（ADPCM）、自适应预测编码（APC）、自适应子带编码（ASBC）和自适应变换编码（ATC）等都属于这类编码。该类编码具有适应能力强、语音质量好等优点，但所需的编码速率高。在16～64千比特／秒的速率上编码质量较好，当速率降低时，其性能会很快下降。

参量编码是在编码端将话音信号分段，提取能表征各话音段特征的参量，并将其变换成数字代码，在解码端重构一个新的声音相似但波形不同的话音信号。典型的参量编码器有通道声码器、共振峰声码器、线性预测声码器和先进多带激励声码器（AMBE）。其优点是编码速率低，最低可达2.4千比特／秒以下，但在较低编码速率情况下，合成的语音质量欠佳。

混合编码可克服前两种编码的弱点，在4～16千比特／秒速率上能够得到高质量的合成话音。多脉冲激励线性预测编码（MPLPC）、规则脉冲激励线性预测编码（RPE-LPC）和码本激励线性预测编码（CELP）等属于这类编码。

（5）天地通话特点

虽然天地通话的原理和过程与移动电话相似，但通话的一方是以8千米／秒的速度在太空中飞行的飞船上的航天员，因而呈现下列特点。

第一，地面与太空中的航天员通话时，有时间限制，需要在地面站的测控通信覆盖区域内进行。根据飞船飞行轨道和地面站的布站情况，在飞船某个飞行圈次，与地面通话的时间一般在3～8分钟之间。

第二，地面与太空中的航天员通话时，要求高可靠性和高成功率。因为通信机会少、时间短，所以要求每次通信都要成功，为此，上行话音同时通过多种传输信道进行传输，飞船天地通信设备同时接收到之后，在多种传输信号中选择一路接收效果比较好的话音，切换并输出至飞船话音插座，供航天员收听地面话音。地面收听航天员讲话的过程与上述情况类似。

第三，地面与太空中的航天员通话有一定的时间延迟。造成时延的原因主要有以下几个环节：地面和飞船天地通信设备的处理时间延迟、天地之间的传输时间延迟以及地面载人航天测控网传输时间的延迟。这些时间延迟的总和一般控制在500毫秒之内。

第四，天地通信需要安全加密。从上述可见，地面与航天员的通信都是通过开放的无线电信道传输的。为保证所传信息只能被相关人员接收，话音信号在发送端要进行加密处理，在接收端必须经解密才能恢复出原始发送信息，这样，使用普通无线电接收设备是不能获得这些信息的。

(6) 天地通话作用

载人航天工程是一项庞大的系统工程，传统的通过测控手段获取数据并进行相关数据显示的通信方式，已不能满足载人航天工程天地通信的需要。在载人航天工程中，天地话音通信有着极其重要的作用。

首先，通过天地通话，地面和航天员之间可以达到直接交流的效果。地面工程指挥人员可以指挥、协调航天员的工作，以便顺利完成载人航天的预定任务；地面航天员系统的医生和教员可以及时了解、掌握航天员的生理及心理状况，在地面和航天员之间建立了医疗救助、心理支持和技术支持的沟通渠道；为航天员与航天员家属之间提供了对话的机会，便于航天员及时得到心理上的支持；对于广大普通百姓了解航天员的太空生活、掌握载人航天科技知识也起着不可替代的作用。

其次，在紧急情况下，通过天地话音，地面可以对航天员的工作进行技术支持，按步骤、分阶段地帮助航天员分析问题，查找原因，确定解决方法。航天员在地面相关技术专家的支持下，可以更好地处理飞行过程中出现的异常情况，保证载人航天工程的顺利进行。

6．地面是怎么看到飞船内航天员图像的

（1）飞船下行传输图像过程

就像地面与太空中的航天员通话一样，地面看到飞船内航天员的图像，也要通过地面和载人飞船配置的S频段测控系统以及地面测控通信系统，沟通地面与载人飞船之间的无线电视信道。飞船中摄像机拍摄的航天员工作和生活的画面，通过该信道送达北京航天飞行控制中心，地面工作人员通过监视屏幕就可以看到航天员的画面了(图3－9)。

神舟7号飞船的几个关键部位（如返回舱、轨道舱内和舱外）安装有多个摄像机，可以进行多部位、多角度的拍摄，摄录多路视频图像。地面通过遥控指令，对这些视频图像进行选择切换，并将选择后的一路或多路图像通过天地无线通信信道

图3－9 飞船内航天员的图像

传输到地面，地面就可以看到内容丰富的航天员图像了。

（2）航天员在飞船上能否看电视和上网

在我国当前的载人航天飞行任务中，航天员尚不能在飞船中收看电视，也不能上网冲浪。

在空间交会对接任务期间，飞船内的航天员将能够看到飞行控制中心传来的画面。通过地面和飞船之间的双向图像、双向话音通信以及电子邮件，地面人员和航天员的交流，将像在地面上面对面的谈话一样自然。

未来的载人航天活动越来越复杂，航天器的数量不断增加，航天员在轨飞行时间逐步延长，航天员在轨工作任务将日益繁重。对航天员的生理和心理以及医学监督、医学保障任务提出了更高的要求，以往点对点传输信息的局面将会彻底改变，实现航天器与航天器、航天器与地面之间的通信互联成为载人航天活动的发展趋势，研究并建设包括空间和地面在内的天地一体化互联网势在必行。天地一体化互联网建成后，航天员将会更加方便地与地面直接交流。

7. 地面医生怎样了解太空中航天员的身体状况

飞船进入陌生的太空环境后，航天员的感觉如何？睡眠好不好？饮食是否正常？心率、血压怎样？诸如此类的问题，是航天员系统医监医保医生（简称地面医生）需要随时了解的问题，也是社会公众比较关心的话题。那么，地面医生怎样了解太空中航天员的身体状况呢？

就像普通的医生给病人看病一样，地面医生了解太空中航天员的身体状况仍采用“望闻问切”的方法，是典型的“网上诊断”（图3－10）。通过天地通信系统，地面医生能够看到在轨道上高速飞行的载人飞船中的航天员或出舱活动航天员的图像，听到航天员的声音，获得航天员的有关生理参数。目前我

图3-10　地面医生通过天地通信系统了解航天员的身体状况

国载人航天工程天地通信采用S频段测控系统，双向传输数字话音、视频图像，并传送遥测（含航天员生理遥测参数）、遥控信息；采用天地超短波通信系统，双向传输数字话音和航天员下行关键生理遥测参数。

通过图像信息，地面医生可以非常直观地了解航天员在太空中的工作和生活情况；通过天地通话，航天员可以将自己在太空中的饮食、睡眠以及身体感觉等情况告诉地面医生。地面医生将航天员的生理遥测数据制作成实时的表格和图形，显示在计算机及大屏幕上，以便对航天员状态的了解更加全面，也更加数据化和形象化。

地面医生接收到飞船下行传输的图像信息、话音信息和航天员生理遥测参数波形（图3-11），仿佛航天员就在自己的身边。航天员的一举一动、一言一行都可以清晰地展现在地面医生的面前，使地面医生可以全面、准确地了解太空中航天员的身体状况。

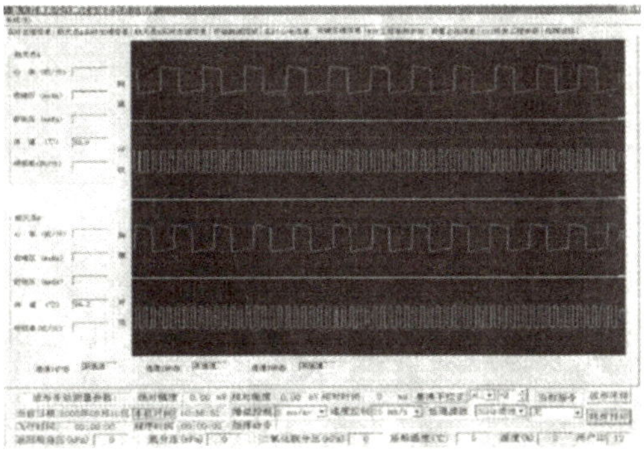

图3-11　航天员的生理遥测参数波形

8. 地面如何参与空间科学实验

空间科学是一门交叉学科，它涵盖了空间物理学、空间天文学、微重力科学及与其相关的空间生命科学和空间材料科学。

为了开展这些空间科学研究，需要在航天器上开展多种空间科学实验，目前基本采用地面参与、天地交互的方式进行空间科学实验，如地面指导航天员、地面注入程序以及遥操作等方式。

遥操作是未来进行空间科学实验的重要手段，它需要容量很大的传输通道，让地面实验人员像操作手边的仪器一样，能够逼真地看到每一步实验结果。然而我国目前尚不具备实现遥操作的条件，有些空间科学实验由空间实验室的实验仪器按照固定程序进行相应的操作处理，地面对其进行监视和控制。因此，空间科学实验应采取天地基联合参与的方式进行，通过实时或事后方式，将实验结果传送到地面作进一步的研究。图3－12介绍了地面参与空间科学实验的基本流程。

由图3－12可知，地面参与的空间科学实验由空间段、地面段和天地基测控网三部分组成。空间段主要包括航天器上的空间科学实验平台及相应的通信终端，它是科学实验工作者和科学实验仪器的完美结合；地面段主要包括地面实验中心及相应的通信终端，它是科学实验的总指挥；天地基测控网是沟通总指挥与科学实验工作者及仪器的重要手段，它将总指挥的指令和意图完整无误地传递给科学实验工作者及仪器，并将科学实验工作者的实验进展及科学实验仪器的状态及时反馈给总指挥。天地基测控网是保障空间科学实验正常进行的途径，是地面参与空间科学实验必不可少的环节。

图3－12 地面参与空间科学实验流程图

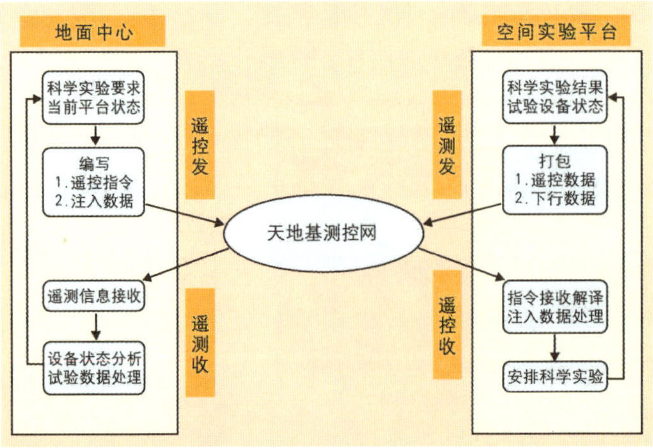

知识链接

遥操作

遥操作是一种达到人与实验设备之间远程交互的技术手段。航天器可以借助遥操作技术提供各种在轨服务，包括在轨航天器的捕获、加注和维修更换等操作，达到延长在轨航天器的寿命，提高其灵活执行多种空间任务能力的目的。同时，还可以进行航天器上多种复杂的科学实验，根据前步结果即时决定下一步实验。这种操作手段对于提高空间应用效率，降低系统成本都大有好处。从长期发展角度来看，遥操作技术将成为我国未来探索太空必不可少的一项应用技术。

遥操作可分为主从遥操作、半自主遥操作和自主遥操作。

地面参与空间科学实验的过程如下。

第一步，数据和指令的编制。根据空间科学实验实施方案，由地面控制中心编制相应的遥控、程控等控制指令，为空间实验仪器提供必要的实验参数。

第二步，数据和指令的传输。在航天器飞经测控通信覆盖区时，地面通过遥控通道将控制指令和注入数据发送到实验平台。

第三步，实验控制、实验数据采集与处理。

当航天器上没有航天员时，空间科学实验平台自动解译遥控指令，由平台的中心计算机编辑执行科学实验实施细则的程序指令，为各个实验仪器分配任务，使各个实验仪器协同工作，共同完成相应的科学实验。同时，空间实验平台的仪器将实验结果和设备状态上报给航天器载计算机进行汇总，并利用记录设备进行实时记录和存储。

当航天器上载有航天员时，航天员可以按照空间科学实验平台显示或地面专家指示的步骤，依据实验方案实施空间科学实验，利用航天器上的实验仪器和实验对象进行科学实验研究，同时利用航天器的采集仪器获取实验数据和设备状态，利用记录设备进行实时记录和存储。

获得实验数据和设备状态后，航天器的空间科学实验平台将按照约定的信息传送方式，将科学实验数据和设备状态封装成数据包，通过遥测信道或者数据传输信道传送到地面飞行控制中心，作进一步处理。

第四步，地面操作。地面飞行控制中心根据遥测数据中的设备状态信息，判断当前航天器科学实验平台及其实验仪器是否正常，如果正常，由地面中心分析科学实验数据并进行后期处理；如果不正常，则与飞行控制技术专家组共同分析故障原因，提出故障解决方案，编制相应的控制指令和数据，并通过遥控通道将控制指令和数据发送到载人飞船进行相应的处理操作。

9．航天员出舱活动的测控通信支持

出舱活动是航天员穿着舱外航天服在航天器外进行太空行走和作业的统称。出舱是高风险活动，航天员将面临高真空、高热、深冷、太阳辐射、离子辐射、微流星和空间碎片等严峻的空间环境。舱外航天服以及出舱保障设备必须在这种极端恶劣的环境中为航天员提供安全的生存条件，任何一点故障都可能导致出舱活动的失败，甚至威胁到航天员的身体健康和生命安全。因此，进行出舱活动必须做到对事故隐患及时发现、迅速处理，这就需要得到地面测控通信的有力支持。那么，地面测控通信是如何对出舱活动进行支持保障的呢？

出舱活动通常按时序分为 4 个阶段：在轨检查和训练、出舱前准备、出舱活动及舱内环境恢复阶段。

在轨检查和训练阶段。航天员与地面配合完成舱外航天服的在轨组装和全面检查，并进行在轨训练。地面除了通过遥测对飞船和航天员状态进行监视外，还通过与航天员通话和电视图像，了解航天员的操作过程，并配合航天员实施与舱外航天服上通话设备的有线和无线通信试验。

出舱前准备阶段。进行航天员的状态检查、船－服联合检查、穿航天服前的检查和准备，以及出舱前的操作。包括舱外航天服和船舱对接系统的气密性检查，舱外航天服的大流量氧冲洗，以及轨道舱泄压等有关控制功能的操作，这些操作对保障航天员顺利出舱至关重要，需要地面重点关注。

出舱活动阶段。航天员出舱，完成舱外活动后返回轨道舱。在正式出舱前，航天员要向地面报告自我状态和出舱前的准备情况，地面确认航天服、航天员和轨道舱状态符合要求后，通知航天员出舱活动正式开始。

整个出舱活动期间，要求通过电视和话音通信等手段对航天员实施尽可能连续的监视和通信支持。根据我国航天测控网的布局和飞船飞行轨道的设计，神舟 7 号任务出舱活动安排在飞船入轨的第 2 天，从第 29 圈进入远望 3 号测量船测控区开始到第 30 圈飞出远望 6 号测量船测控区的时间段内完成，如图 3–13 中粗实线所示。

从图 3–13 中可以看出，从远望 3 号到远望 6 号测量船，沿着飞船的船下点轨迹有一连串的测控站（船），像奥运火炬接力一样，一站接一站地迎接着飞船的到来。有了这些测控站，航天员即便只身漂浮在茫茫太空，也不会感到孤单，他的一举一动都与地面紧紧相连。通过航天服上的有线或无线通信设备，航天员可以与飞船取得联系，就像我们通过手机或固定电话跟家人联系一样，还可以把自身的状态参数传给飞船。飞船则通过功率更大的发射机将信号传回地面，使航天员出舱活动的风险进一步降低，也让远在几百千米之外的地面指挥人员和亲人放心。

舱内环境恢复阶段。航天员返回轨道舱进行舱内环境恢复，包括关闭轨道舱舱门并检漏，检漏合格后进行轨道舱和舱外航天服压力的恢复，脱舱外航天服，打开返回舱舱门。在这

图 3–13 航天员出舱活动段轨迹示意图

个过程中，地面要严密监视轨道舱复压过程和环境控制生命保障系统的相关参数，一旦出现问题要及时采取措施。轨道舱复压至40 千帕是复压过程的重要节点，在神舟7 号任务中该关键事件进行时，飞船位于赤道附近的太平洋上空，为此专门在该点安排了一艘测量船，以保障对复压过程关键事件的测控通信支持。

10. 地面如何导引飞船进行交会对接

(1) 交会对接为什么需要地面导引

空间交会对接包括交会和对接两个相互衔接的过程。空间交会是指两个独立飞行的航天器从一定距离经过一段时间的控制飞行后相互靠近；对接是指两个航天器通过特定的机构连接成一个整体。空间交会对接是一项十分有用的技术，通过交会对接，可以在地球轨道上追踪、捕获和修复失灵的卫星，或分批次运输、组装成更大规模的航天器，或向空间站运送航天员及货物，或带回需要返回地面的航天员及有用的空间站实验样品等。要实现大规模的空间应用，交会对接技术是一项必须掌握的基础技术。我国载人航天工程在神舟7 号任务圆满完成后，下一步将开展空间交会对接试验。

交会过程分为地面导引和自主导引两个阶段，地面导引阶段由地面对相距较远的追踪航天器和目标航天器进行轨道测量，并通过遥控对追踪航天器进行导引控制；自主导引阶段由追踪航天器自主完成测量和导引控制。

交会对接为什么首先需要地面导引呢？当两个航天器相距较远时，它们彼此看不到对方在哪里，而当它们先后经过地面测控站的上空时，地面站测得它们的运动信息，经过计算就可以知道追踪航天器应该怎样飞行才能追上目标航天器。当地面把这些信息告诉追踪航天器后，追踪航天器就像问清了道路一样，可以信心十足地往前飞了。地面导引要满足一定的精度要求，否则就可能造成擦肩而过的遗憾了。

（2） 地面如何对飞船进行导引

本小节以飞船和空间实验室的空间交会对接为例，说明交会对接的地面导引过程（图3-14）。

在实施空间交会对接时，空间实验室通常运行在大约340千米高的两天回归的圆轨道上。通过精心选择飞船的发射窗口和飞行程序，飞船入轨后进入与空间实验室轨道面相近、比空间实验室高度略低且在空间实验室之后飞行的轨道。

根据航天动力学理论，飞船的轨道高度越低，运行周期越短，绕地球飞行的角速度就越大。因此，经过一段时间后，飞船就可以追到距离空间实验室不远的下方，此时通过变轨抬高飞船轨道高度，就可以使飞船进一步接近空间实验室。同时，当二者轨道高度接近时，运行周期也接近了，因此相对速度就变小了。

如果飞船和空间实验室的运行轨道不在同一个平面内，还需在两个平面的交会处进行变轨，使两个轨道共面。当然，考虑到地球大气、地球非球形等因素对轨道面的影响，实际操作中，改变轨道面的变轨位置和变轨冲量方向会略有不同。

具体的变轨控制方案依赖于地面对飞船和空间实验室轨道的测量精度及对飞船的控制精度。假如测量和控制精度很高，飞船只需要少数几次变轨就可以实现交会，就好像高水平的高尔夫运动员，几杆就能把高尔夫球打进洞里一样。

通常，地面导引过程包括4～6次变轨。每次变轨前，地面测控站首先要对飞船和空间实验室进行精确测轨，知道它们现在和未来的准确位置

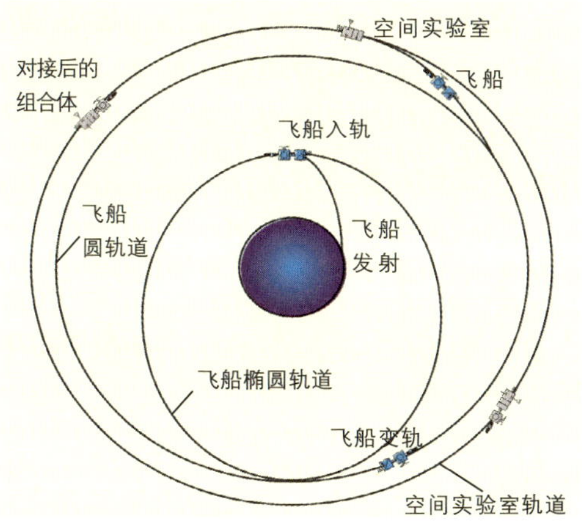

图3-14 空间交会对接过程示意图

后，再对飞船发号施令。每次变轨后，地面同样要对飞船和空间实验室进行精确测轨，一方面检验飞船是不是按照地面的指令变轨了，另一方面也是为下一次变轨做准备。这样一环扣一环，每一步都必须将飞船严格控制在预定的范围内，最后才能保障飞船自主导引的正常实施。

11. 飞船伴随卫星的伴飞控制

(1) 实现伴星绕飞需要什么条件

伴星在航天领域是指伴随某个航天器飞行的卫星，通常用于对伴飞目标进行观察或合作完成某种任务。伴随飞行的相对轨迹，根据伴星和伴飞目标初始相对运动状态的不同而千差万别，绕飞是其中很有意思的一种。

大家知道，月球围绕地球飞行，是地月间的万有引力使然。而伴星和伴飞目标的质量很小，二者之间的万有引力微乎其微，那么，伴飞目标凭什么让伴星绕着自己飞行呢？

其实，这种绕飞只是相对运动形成的视觉效果，伴星和伴飞目标在各自独立的轨道上飞行互不影响，当伴星形成对伴飞目标的绕飞后，相对于伴飞目标时而在上、时而在下，时而在前、时而在后，看起来就像绕其飞行一样。现在，假如我们坐在沿圆轨道飞行的飞船里，如何才能让伴星看起来是绕着我们飞行的呢？

首要条件是要保证伴星和飞船的轨道周期相同。轨道周期表征了航天器绕地球飞行的快慢，相当于速度的概念，可以理解为轨道周期越小，飞行越“快”，反之越“慢”。实现绕飞时伴星和飞船形影不离，因此必然要具有相同的“速度”。

仅仅周期相同还不够。假如一个在前，一个在后，那么后面的永远追不上前面的，就像一前一后、时速相同的两辆汽车总也不能并排行驶一样。因此实现绕飞还需要伴星和飞船之间的距离足够近。

现在，假设伴星和飞船足够近，轨道周期也相同，那么是不是就能实现绕飞了呢？还不是。如果伴星和飞船轨道完全相同，那么它们的前后和上下相对距离是不变的，也形不成绕飞，因此实现绕飞还需要伴星和飞船轨道的偏心率或近地点幅角有所不同。如果偏心率不同，两飞行器轨迹的关系可以想象成是一个圆镯子和一个压扁了一点的椭圆镯子重叠放置在一起的情况，两个镯子边缘不会完全重合而是存在交错，从相对运动的角度看，就能形成一上一下、一前一后的相对运动；如果近地点幅角不同，两飞行器的轨迹可以想象成两个压扁了的椭圆镯子重叠放置，但其中一个镯子旋转了一个角度，使两个镯子不完全重合，同样两个镯子边缘存在交错，对应一上一下、一前一后的相对运动。

对于在同一个轨道面上飞行的伴星和飞船，形成绕飞必须满足上述三个条件，当然，要形成大小、形状等满足要求的绕飞轨道，还需要精心设计变轨控制参数。

（2） 如何控制伴星实现对飞船的绕飞

知道让伴星对飞船形成绕飞的条件后，怎样控制伴星实现对飞船的绕飞呢？

假设飞船和伴星在同一平面的近圆轨道上飞行，伴星落后飞船一段距离。要实现绕飞，首先要让伴星追上飞船。为此，伴星先减小自己的轨道周期，提高自己的“速度”。这可以通过伴星的变轨发动机来实现。

有意思的是，在地心引力作用下，要想让伴星追上飞船，变轨发动机必须沿伴星速度方向施加反向推力，也就是降低伴星的实际飞行速度。实际飞行速度降低后，伴星的轨道高度就会降低，伴星的周期也会减小，从而使绕地球旋转的角速度增大。这一现象可以在日常生活中找到类似的例子。比如，我们用绳子拴一个小球，让它像飞机螺旋桨一样旋转，如果在旋转过程中绳子不断缠绕在手指上，那么小球的旋转半径就会越来越小，旋转的角速度就会越来越大。实际任务中伴星何时变轨、每次变轨开机多长时间等具体要素，还要取决于地面测轨条件、发动机性能、伴星和轨道舱相对距离等因素。

伴星追到飞船附近后，就需要降低伴星的“速度”，以便

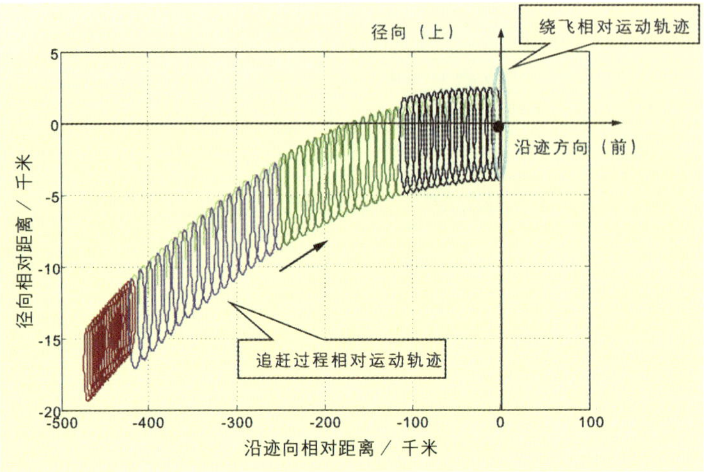

图3-15 绕飞相对位置示意图

实现与飞船比翼齐飞。伴星的“刹车”也是通过变轨发动机来实现。绕飞是不是完美，取决于刹车前伴星和飞船相对位置的测量精度和伴星的变轨控制精度。当然伴星变轨的目的不仅仅为了刹车，还需要保证绕飞轨道特性符合任务要求，这就要求精心选择变轨时机和推力方向。

我们都有从电视上观看F1方程式赛车的体验，那些风驰电掣般的赛车尽管快得让人心惊胆战，整个车流却又行云流水般地彼此相安无事。假如我们能站在太空中看伴星的绕飞，也一定会感觉到这是一种极速运动中的精确美。图3-15是神舟7号任务中伴星在轨释放后先落后于飞船，后通过变轨追上飞船并形成对飞船绕飞过程的相对位置示意图。红线、蓝线、绿线、黑线表示伴星追逐过程中各次变轨后的相对运动轨迹，围绕中心点的浅蓝色椭圆即为绕飞相对运动轨迹。

12. 飞船遇到异常情况怎么办

（1）飞船可能遇到的异常情况

太空之旅并不是一条平安大道，尽管在飞船上天之前，一切准备工作都朝着“零故障、零缺陷、万无一失”的目标努力，但是由于客观条件所限，由成千上万个零部件构成的载人航天器的可靠性指标只能接近100%，不可能达到100%，仍然有发生意外的可能。

升空后的飞船可能会遇到哪些异常情况呢？归纳起来有3种典型情况：飞船偏离正常轨道；飞船上系统出现故障；航天

员突然出现身体不适。针对每种情况，地面专家都预先设计了比较完善的应对措施，以确保航天员的安全。

（2）迷途飞船怎样回家

如果飞船偏离正常轨道，通过地面控制，还能返回地球吗？怎么才能安全返回呢？

飞船偏离正常轨道，要么是轨道过低，要么是轨道过高。在轨道异常情况下，为了避免意外发生，要么让飞船回到正常轨道上，要么提前结束它的太空之旅。究竟采取何种措施，要具体问题具体分析。具体应对措施流程见图 3－16。

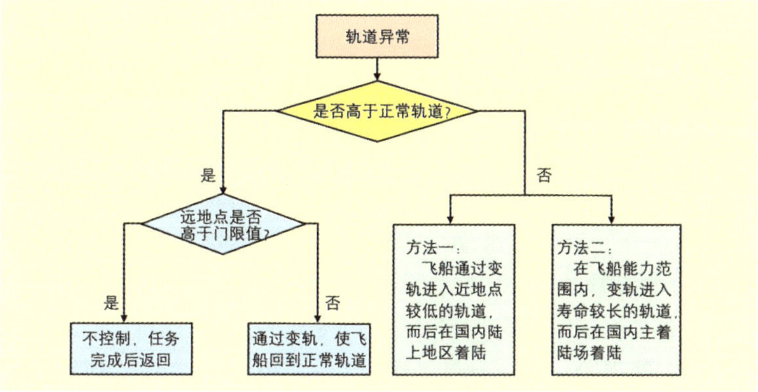

图 3－16 飞船偏离正常轨道的应对措施流程图

为保障整个过程的顺利实施，测控网要对飞船的入轨点和状态进行快速测量，判断飞船是否进入正常轨道、飞船上重要子系统是否工作正常，决策飞船是否需要应急返回，计算并向飞船发送每一种返回方式所需的控制参数。

（3）故障飞船何去何从

飞船在轨运行期间，可能会出现这样或那样的问题。万一出现故障，要尽快确诊故障情况，并及时采取应对措施。

如果飞船发生故障时刚好处在地面测控站的测控范围之内，地面专家就可以通过实时遥测数据或者与航天员对话，来了解故障情况并分析原因，再指导航天员排除故障。而对于未知的、难以排除的、危及航天员安全的故障，须采取应急返回

知识链接

航天服故障导致飞船提前返回

1962年5月24日，美国水星MA-7飞船由水星－宇宙神运载火箭发射。在飞船第一圈轨道飞行中，航天服温控系统出现故障，造成航天员出汗过多。第二圈飞行时，航天员的体温已达到38.8℃，飞船不得不提前返回。

措施，使航天员及时回到地面。针对可能出现的故障，飞船的应急返回模式也有多种，比如第2圈应急返回、前弹道式返回、自主应急返回、紧急返回和手控半自主返回等。

无论飞船采用何种返回模式，地面测控网必须为应急决策提供测控支持，根据故障性质和可能在轨等待时间，选取有利的着陆区，再计算相应制动点位置和控制量，而后将计算的结果注入飞船，对飞船实施返回控制。测控网尽可能监视两次调姿过程、制动过程、轨道舱和返回舱的分离过程及推进舱和返回舱的分离过程。跟踪测量制动后的轨道，预报开伞点位置，为返回后的应急救生及时提供信息。

此外，飞船还可以启动自主应急返回着陆功能，由航天员根据仪表显示自主决定返回，并通过操纵仪表键选择应急返回方案（包括第几圈返回、在哪个着陆区着陆等），然后按照该圈的自主应急返回参数实施所选择的应急返回方案。那么这些自主应急返回参数是如何设置的？其实，任一圈上自主应急返回所需的参数都是由飞控中心计算，并在之前几圈某一合适时机注入到飞船上。

具备了这些应急处理措施之后，飞船在飞行中的每一圈都有护身符，即使飞船在太空中遇到异常情况，也尽可能安全返回地面。

13. 空间碎片的规避

(1) 空间碎片环境

人们常说太空是真空状态，但实际上太空中有成千上万个人造物体和自然小天体及宇宙尘埃，各自在自己的轨道上运行。与地球比较接近的轨道上运行的物体会越来越低，最后坠入大气层中烧毁。在这种环境中，进入轨道后的飞船是否会与它们相撞？要回答这些问题，首先需要了解地球周围的空间环境。在距离地球100～40 000千米高度的空间内，除了各个国家发射的航天器外，还存在大量已丧失功能的人造空间物体（称为“空间碎片”）。对于太空中的航天器，由于其数量有限，并且轨道可知，通过轨道的合理设计能够避免飞船与之相撞。相比之下，数量巨大的空间碎片则有可能威胁到飞船的安全。

人们通常将直径大于10厘米的空间碎片称为大碎片，直径在1毫米至10厘米之间的称为中等碎片，直径小于1毫米的称为小碎片。空间碎片主要来源于失效的航天器、用过的火箭箭体、卫星发射或工作前抛弃的物体（镜头盖、包装件、空燃料箱、有效载荷整流罩、分离装置和自旋装置等）、空间物体爆炸或碰撞生成的碎片、航天器表面脱落的物质（如涂层等）、泄漏的物质（如核能源冷却剂等）和固体火箭工作时喷出的固体颗粒。

根据现有观测能力，已发现直径在1毫米以上的空间碎片达4 000万个以上，小碎片更多，而且空间碎片数量的增长十分迅速，近年来一直呈线性增加。1985年以来每5年增加100万千克；大于10厘米、地面能观测到的空间碎片平均每年增加200个，目前已超过14 000个。可见，空间环境变得越来越复杂和恶劣。

载人飞船所在的轨道附近的环境如何呢？在目前地面可有效跟踪的空间碎片（直径大于10厘米）中，低地球轨道（轨道高度低于1 500千米）的空间碎片有9 000多个，中轨道区域有200多个，地球同步轨道区域有700多个，而且300～2 000千米之间是空间碎片密度最高的区域，我国神舟飞船的轨道恰好在这个范围内（轨道高度200～400千米）。

（2） 空间碎片的危害

别看这些碎片个头很小，大部分只有几毫米到几厘米，但是，它们的飞行速度高，危害可不小。打个比方说，高速行驶的赛车撞到迎面而来的小石子，就会发生灾难性事故。在太空中，环绕地球轨道运行的空间碎片，速度可达到每秒几千米。高速运行的物体，会给相对飞行的航天器和航天器外的航天员造成极大的威胁，在碰撞时释放出来的能量相当于同样质量TNT炸药的10倍以上，它们就像宇宙杀手一样“潜伏”在航天器的周围。

微米级空间碎片的撞击会使航天器局部受损，或关键器件损毁而报废；低烈度的情况下也会破坏航天器的表面，使光学镜头

知识链接

法国卫星遭遇空间碎片撞击

1996年7月24日，在678千米高度上已经工作了1年的法国地球射电环境研究卫星Cerise突然翻滚，后经证实，该卫星姿态失控的原因是其6米长的平衡杆与10年前发射的Ariane V16上面级火箭的碎片（国际编号86-19-390）发生了碰撞。

知识链接

美俄卫星相撞，产生空间碎片

2009年2月11日，美俄两国卫星在西伯利亚上空距地面788千米的位置相撞。其中，美国卫星为1997年发射的通信卫星——铱33；俄罗斯卫星为1993年发射的宇宙2251，碰撞之前已报废。卫星相撞致使1.2万片大大小小的空间碎片以8千米/秒的速度围绕着地球运转，成为围绕地球运行的航天器杀手。

图3–17 和平号空间站太阳能电池板外观

表面砂蚀，从而改变表面的吸收辐射特性，导致航天器无法正常工作；毫米级的空间碎片有可能使航天器表面穿孔、破裂；厘米级的空间碎片将对航天器产生灾难性的后果。

从图3–17中可以清晰地看到和平号空间站太阳能电池板被空间碎片撞击的痕迹。

（3）如何“对付”空间碎片

空间碎片的存在对载人航天飞行形成严重威胁，为了确保飞船和航天员的安全，要采取有效的防护措施。

对于较小的空间碎片的碰撞，一般采用屏蔽网、屏蔽板或者新的结构形式、新的结构材料进行防护；对于较大的空间碎片，一般采取躲避方案。

对大型和中等空间碎片进行有效的探测，获得它们准确的轨道根数，然后精确计算航天器和空间碎片的轨道，预测它们之间的交会距离，当交会距离可能达到警戒范围（例如50千米）时，就发出碰撞警报。根据航天器与空间碎片的相对速度和交会方向等参数，计算改变交会距离所需的变轨推力的大小和方向，评价各种规避措施的效果，选择最佳措施，以耗费最低的能量（最少的燃料消耗）、最安全的方式（最大的实际交会距离）避开空间碎片。另外，在发射航天器之前，进行充分的计算，以确定安全发射窗口，确保该航天器在发射过程和在轨期间不与较大碎片发生碰撞。

知识链接

航天飞机和国际空间站都曾进行过躲避空间碎片的机动飞行。1999年10月26日，国际空间站进行了第一次躲避空间碎片的机动飞行，躲避对象是废弃的飞马座火箭上面级。1986年至1997年间航天飞机进行了4次避撞机动飞行，以躲避空间碎片。

欧洲遥感卫星ERS–1、法国资源卫星SPOT–2为避免与空间碎片相撞，分别于1997年6月和1997年7月采取了避免碰撞的在轨机动措施。公布的研究结果表明，ERS–1和SPOT–2这类卫星每年都要采取一至两次这类机动措施，才能保证卫星的安全。

第四章

返回与着陆

载人航天器的最大特点之一是进入太空的航天员及其座舱在完成预定任务后，要返回地球，这就涉及航天器的返回着陆技术，其中包括安全离轨、安全再入大气层、安全减速、航天器防热和安全着陆等诸多关键环节。

1. 飞船是怎样返回的

载人飞船完成预定任务后，载有航天员的返回舱要返回地球，整个返回过程需要经过制动离轨、自由下降、再入大气层和着陆4个阶段，图4－1是飞船飞行全程示意图。

图4－1 飞船飞行全程示意图

(1) 制动离轨段

飞船通过调姿、制动、减速，从原飞行轨道进入返回轨道的阶段称制动离轨段。

图4－2 两舱构成的飞船

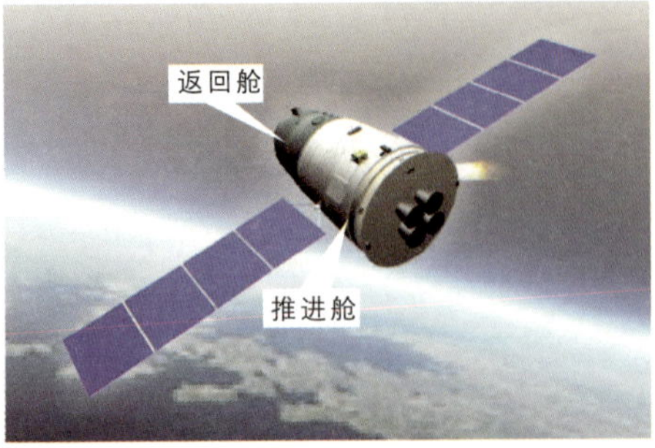

返回前，飞船首先要调整姿态，即：使飞船在水平方向逆时针转动90°，由轨道舱在前、返回舱居中、推进舱在后的状态变为横向飞行状态，这是飞船的第一次调姿。紧接着，轨道舱与返回舱以每秒1～2米的相对速度分离，轨道舱留在太空轨道继续运行，这就是轨道舱分离。此时，飞船变成了推进舱和返回舱的组合体（图4－2）。

两舱组合体继续逆时针转过90°，变成推进舱在前、返回舱在后的飞行状态，同时再调整俯仰角达到制动要求，这是飞船的第二次调姿。

飞船推进舱上的发动机点火工作，产生与飞船飞行方向相反的作用力，使飞船飞行速度降低，从而脱离原飞行轨道进入返回轨道，这个制动过程可比喻为“刹车”。

（2） 自由下降段

飞船从离开原运行轨道到进入大气层之前，空气阻力很小，主要是在地球引力的作用下呈自由飞行状态，因此，这个阶段称为自由下降段或过渡段。

在这个飞行阶段，飞船按照计划要完成推进舱分离、建立再入姿态等重要飞行事件。其中，推进舱在与返回舱分离后，会在进入大气层后烧毁。返回舱建立正确的再入姿态角（速度方向与当地水平面的夹角）是一项重要的工作，这个角度必须精确地控制在一定的范围内，如果角度太小，飞船将从大气层边缘擦过而不能返回；如果角度太大，飞船返回速度过快，将像流星一样在大气层中被烧毁。

（3） 再入段

从返回舱进入稠密大气层到其回收着陆系统开始工作的飞行阶段称为再入段。

飞船返回时从离轨时的真空环境再次进入大气层，这个阶段称为再入段。再入大气层的高度一般为80～100千米。

返回舱进入稠密大气层后，承受气动加热和再入过载，是返回过程中环境最为恶劣的阶段。随着高度的降低，空气密度越来越大，返回舱与空气剧烈摩擦，使其底部温度高达数千摄氏度，返回舱周围被火焰所包围，因此，对返回舱要采取特殊的防热措施。返回舱下降到一定高度时，接收不到地面发送的无线电信号，地面也接收不到返回舱发送的无线电信号，因此，这个区域被称为无线电“黑障区”。

知识链接

什么是无线电“黑障区”？

高速飞行的航天器再入大气层后，与大气层中的空气产生剧烈磨擦，使航天器周围的空气温度急剧升高（一般在2 700℃以上），致使航天器周围的空气产生电离，同时，航天器本身的防热材料也在高温下烧灼电离，航天器周围的电子浓度大幅度上升，形成了包围在航天器周边一定厚度的等离子体，通常称为“等离子鞘套”。此“鞘套”严重衰减无线电波，使航天器与地面无线电信号联系中断，造成地面测控通信系统跟踪的“目标”暂时丢失，因此人们称此中断区域为无线电“黑障区”。

当返回舱轴向过载达到规定指标时，返回舱实施升力控制，使返回舱过载不超出航天员所能承受的范围，并且用升力控制来控制返回舱落点位置，使返回舱返回预定着陆场。

(4) 着陆段

返回舱从打开降落伞到着陆这个过程称为着陆段。

随着高度的降低和速度的减小，返回舱所受到的气动阻力与地球引力渐趋平衡，返回舱以大约每秒200 米的均速下降。但如果返回舱以这个速度冲向地面，后果将不堪设想，所以必须使返回舱进一步减速。在距地面10 千米左右高度，返回舱的回收着陆系统开始工作，先后拉出引导伞、减速伞和主伞，使返回舱的速度缓缓下降，并抛掉防热大底，在距地面1 米左右时，启动反推发动机，使返回舱实现软着陆。

为增加着陆的可靠性，返回舱上除装有主降落伞系统外，还装有面积稍小的备份降落伞系统。万一主伞系统出现故障，可在规定高度应急启用，使返回舱安全着陆。

2. 如何控制飞船返回

在飞船返回地面过程中，地面测控网起着非常重要的作用。

(1) 计算飞船返回控制参数

飞船返回控制参数包括：制动发动机的工作时间，制动角、分离点，着陆时间和着陆位置等一系列与飞船返回着陆相关的参数。返回控制计算方案也有多种，比较常用的一种计算模型是：根据瞄准着陆点的位置，按照某项参数固定不变的原则，确定制动位置和制动发动机的点火时刻，并迭代计算发动机开机时间和速度增量，再按照与飞船上固定好的标准升力控制制导规律，确定制动角等其他参数，进行飞船返回轨道的预报和计算。

上述有关计算结果通过地面测控站发送给飞船，让飞船按照事先设定的程序顺利返回。

(2) 控制飞船返回

地面测控网控制飞船按照预定飞行计划返回地面，正常情况下，地面向飞船发送轨道参数、返回段飞行程序和返回控制参数，飞船按照设计好的程序返回地面。为使整个过程更加精确和可靠，除对返回段飞行程序进行必要的及时更新外，还要让飞船下传返回段飞行程序，由地面人员进行检查和确认。

测控网还要根据飞船工作情况，在一些关键点适时向飞船发送指令，其中包括轨道舱分离指令、推进舱分离指令、建立再入姿态指令以及启动返回舱回收着陆系统工作指令等。

在飞船返回全过程中，测控网要密切监视飞船状态，必要时进行干预，确保飞船按照预定程序返回着陆场。

(3) 返回舱落点预报

飞船完成飞行任务后，返回舱将降落在哪里？这是人们非常关心的问题。为了回答这个问题，就要进行返回舱落点预报，即综合飞船有关信息、按照一定模型在地面仿真飞船返回过程，获得返回舱的返回圈次、着陆时间及着陆位置。这项工作非常复杂且责任重大，通常由任务飞行控制中心来完成。

为了使计算的飞行轨道更准确，即与返回舱上的计算更加一致，在计算过程中需要考虑一系列外部条件，包括：飞船返回的初始参数（位置和速度等），飞船的结构参数，气动特性参数，制动发动机的工作参数，大气的模型参数，以及飞船上预先“安装”好的标准返回轨道参数等，这些环境条件考虑得越周全、误差越小，作出的返回舱落点预报也就越精确。

返回舱落点预报的精度直接影响着航天员搜索、救援的及时性和安全性。因此，这项指标历来受到航天任务决策者和实施者的关注，也是衡量一个国家航天技术水平的重要标志之一。

影响落点预报精度的因素有哪些？怎样才能提高落点预报的精度呢？

一是要选择最优的制动条件，减小初始条件误差，提高制动控制精度；

二是要减小返回舱质量的计算误差；

三是对飞船自由飞行段的轨道进行控制，提高再入点的精度；

四是提高航天器上测量元器件的水平，减小测量误差；

五是优化再入制导控制规律，增强再入控制能力；

六是优化航天器设计水平和风洞试验方法，减小升阻比误差；

七是进行准确的气象预报，建立精确的再入航区标准大气模型。

这些内容专业性很强，也很抽象，理解起来也有一定困难，我们可以通过下面这个例子来说明在工程实践中是如何修正着陆区的空中风对返回舱落点预报的影响。在返回舱预定开伞时刻前，着陆场区的气象人员连续测量该地区空中的风速、风向、温度、气压和湿度等气象要素，并传送至任务飞行控制中心。飞控技术人员综合利用这些参数，结合返回舱开伞后的运动模型，计算出飞船开伞点的控制修正量，在飞船通过测控站上空时发送给飞船，飞船就按照此修正量进行制导控制，调整开伞点位置，让返回舱在此点开伞。这样，风对乘伞下降过程中飞船的影响在开伞点就进行了修正，使返回舱在预定的瞄准点附近着陆。

3. 飞船的回归港

载人航天飞行的最后一个环节是航天员的安全返回，那么让飞船返回到哪里才是安全的呢？这就是载人航天着陆场。

(1) 载人航天着陆场的功能

载人航天着陆场是载人航天工程不可或缺的重要组成部分，它的主要任务是对返回轨道进行跟踪测量，对返回着陆后的航天员实施搜索、救援，回收返回舱和有效载荷，其具体功能如下：

1）跟踪测量返回舱着陆前的一段返回轨道，接收和记录返回舱和航天员的状态信息，向返回舱发送遥控指令，并计算预报返回舱着陆点。

2）在返回舱信标的配合下，尽快搜索找到返回舱，协助航天员安全出舱，按要求为航天员提供医学保障，并将航天员、返回舱和有效载荷转运到指定地点。

3）保障地面与航天员的话音通信，保障着陆场各类数据、现场图像等向北京航天飞行控制中心的传输，保障着陆场区内部的指挥和协调通信。

4）及时提供着陆场区的气象预报，为确定着陆场和计算重要返回控制参数提供技术支持。

（2）载人航天工程对着陆场的要求

载人航天任务对着陆场的要求主要有两个方面，一是满足飞船着陆散布范围要求，二是满足航天员着陆安全要求。

首先，载人航天着陆场必须选在飞船运行轨道经过的地方，并尽可能选在飞船多次经过的地区（一般在飞船运行轨道船下点轨迹的南、北端）。

其次，着陆场的范围足够大，地形地貌条件好。视野开阔，没有高山、大江、大河，地势平坦，斜坡距离短，飞船着陆于此不致剧烈翻滚而影响航天员安全。着陆场区内人口稀少，没有影响飞船返回舱安全着陆的危险物，如较大的城镇、大中型工矿企业、重要军事设施，并且远离高压电线和铁路干线。着陆场远离国境线，一旦飞船发生异常情况，即使出现最大着陆偏差，返回舱也不会落入外国领土。着陆场附近交通比较方便，以便航天员快速转运。

最后，着陆场的气候条件好，影响飞船返回舱安全着陆的危险天气（雷暴、大风等）较少。

为提高载人航天任务的安全性和可靠性，除选择一个着陆场作为主着陆场外，至少还应该准备一个与主着陆场气象条件不同的备份着陆场，称为副着陆场。

（3）我国载人航天着陆场为什么选在陆上

我国载人航天采用陆上回收的方式，着陆场选在陆上是综

知识链接

苏联／俄罗斯与美国的载人航天着陆场

苏联／俄罗斯载人航天器采用陆上回收的方式，主要原因是苏联／俄罗斯国土横跨亚欧大陆，幅员辽阔，飞船返回时本土内的地面航迹很长，而且，早先战略导弹试验的落区和卫星的回收区也在内陆。苏联／俄罗斯的载人航天着陆场位于拜科努尔航天发射场东北部，其范围为东经66°～74°、北纬46°～52°，总面积约420 000平方千米。

美国载人飞船选择了海上回收方式，从水星号飞船到阿波罗飞船，着陆场均选择在大西洋和太平洋上。

美国曾经对海上着陆和陆上着陆的优缺点进行了专门的分析研究，研究结果表明，水上着陆具有更大的再入窗口，对着陆点精度的要求比陆上着陆要求低，航天器上的导航和计算设备可以相应简化；航天员必须进行的操作较少，因而，所需的训练也少；美国在大西洋和太平洋上以及海外军事基地拥有强大的海军力量，可直接服务于航天器的海上回收。

但水上着陆要解决飞船舱口临水的难题。美国的阿波罗指令舱在海上溅落后，溅起的巨浪吞没了整个舱体，航天员启动开关，将舱顶上的3个浮囊充气，经8分钟才使指令舱扶正。

合考虑了多种因素作出的科学选择，具有鲜明的中国特色。

首先，飞船在陆上着陆对飞船结构设计要求相对简单，在水密性、供电等方面要求较低。

其次，航天员在陆上待援的舒适性和安全性远比海上要高，陆上救援的投入也要比海上的投入小。

最后，从我国航天发展的继承性看，经过30多年的建设，已在国内建立了多个综合地面航天测控站，能够为载人飞船的返回提供较好的测控支持；我国成功发射了多颗返回式卫星，均成功降落在位于四川盆地的预定回收区。

4. 天作之合选就主着陆场

正常情况下，飞船返回舱应返回至主着陆场，这里测控和搜救资源丰富，能够最大程度地保障航天员的安全，因此，主着陆场的使用概率最高，选择过程也非常严格、慎重。

通过反复的科学计算与综合论证，并进行多次空中、地面详细勘察，最终确定选择内蒙古自治区中部地区作为中国载人航天主着陆场（图4－3）。

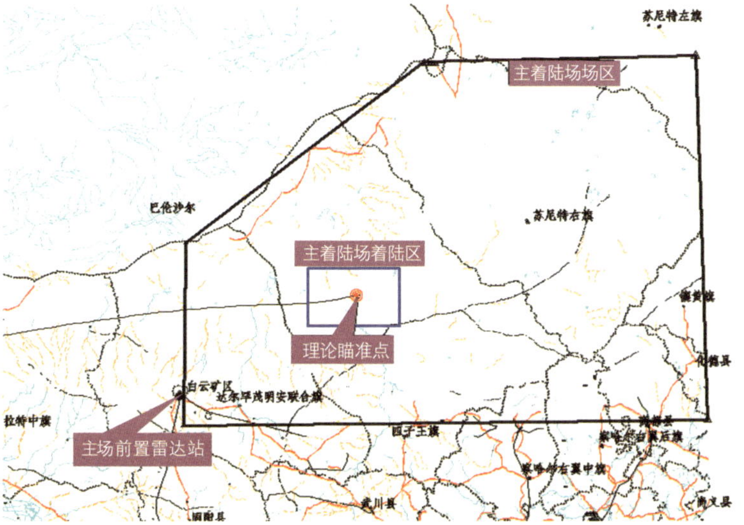

图 4－3 中国载人航天主着陆场示意图

主着陆场位于阴山山脉大青山北部，地势平坦，平均海拔高度1 000～1 200米，该地区属沙质草地，温带大陆性气候，干燥、少雨、多风，年平均气温1～6摄氏度，年平均降水量310毫米。该地区以畜牧业经济为主，牧民基本定居，偶尔可见蒙古包的影子，人烟稀少，平均每平方千米不超过10人。

5. 气象相关性圈定副着陆场

（1）为什么要选择副着陆场

经常旅行的人可能会遇到这样的情况，在你所乘班机即将到达目的地时，机上广播会通知旅客由于目的地机场气象原因，本次航班只能在附近城市的机场降落。就像机场气象条件制约飞机降落一样，着陆场的气象条件也会制约飞船的返回。对某次飞行试验任务，飞船返回前，如果主着陆场天气情况发生了变化，不能满足返回舱安全着陆的最低气象条件；或者航天器在轨运行期间，由于故障必须立即返回，但综合条件又不允许返回至主着陆场。在这些情况下，为确保航天员安全，应选择由副着陆场接纳返回舱。

副着陆场是对主着陆场而言的，是主着陆场的气象备份着陆场，即副着陆场的气象条件与主着陆场应具有良好的互补性，当主着陆场出现坏天气时，副着陆场在同一时段为好天气的概率越高越好。

配备副着陆场可提高载人航天系统的安全性和可靠性。

（2）选择副着陆场要考虑哪些因素

在副着陆场选择过程中必须考虑其与主着陆场的关系，因此，副着陆场的选择一般在主着陆场确定之后进行。副着陆场选择的约束条件主要包括以下几个方面：

1）原则上只选择一个副着陆场，其基本任务和主要功能与主着陆场相同，对场区的选择要求也与主场基本相同，只是在建设规模上应适当从简，以节省经费。

2）主、副着陆场的气象条件互补性要好，即主着陆场出现影响返回舱安全着陆的坏天气时，副着陆场为好天气的概率要高。

3）场区内的地形地貌条件较好，飞船采用升力控制式返回时，返回舱着陆散布范围内的自然和社会条件满足选场技术要求；飞船采用弹道式返回时，返回舱着陆散布范围内基本满足选场条件。

4）场区的范围要足够大，能够满足多个瞄准着陆点，以增加副着陆场的适应能力和提供更多的可返回机会，也为返回

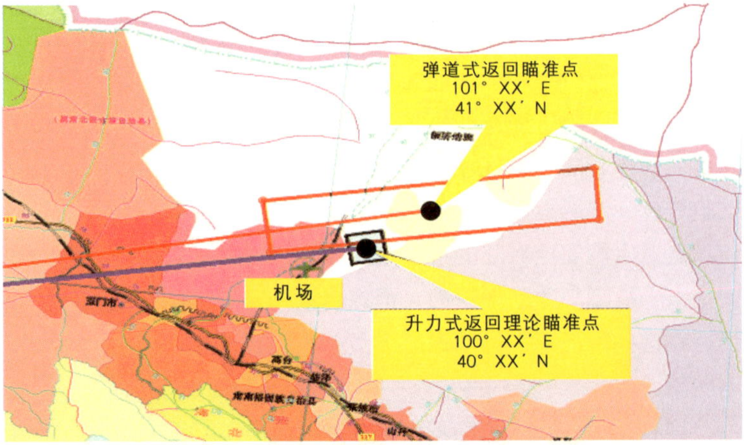

图 4－4 中国载人航天副着陆场示意图

轨道设计创造更多的有利条件。

5）要充分考虑飞船返回段应急返回等非正常情况，力争在返回舱着陆散布范围内具有较好的自然条件。

6）副着陆场应在与返回主着陆场相同的返回轨道航迹上选择，这样可以综合利用返回途中的地面测控资源，即沿飞船返回航迹建设一条测量链就可以兼顾飞船返回主着陆场和副着陆场两种情况，提高效费比。

图4－4即为依据以上条件选定的中国载人航天副着陆场。

6. 应急返回与应急着陆区

正常情况下，飞船在空间完成飞行任务后，返回至主着陆场或副着陆场。

由于火箭、飞船故障或航天员疾病等原因，随时可能发生应急返回的情况。

由于载人航天的复杂性，为确保航天员的生命安全，需要针对不同飞行阶段、不同的故障模式进行分析研究，并采取相应策略。

(1) 发射台应急救生

发射台应急救生又称0－0高度应急救生，是指在火箭起飞前出现危及航天员生命安全的故障情况下进行逃逸救生。

发射台应急救生主要靠逃逸塔，其基本工作程序是：逃逸控制系统接收故障信号并发出逃逸指令；逃逸塔发动机工作并将飞船返回舱、轨道舱带离危险区，在救生轨道顶点附近，将返回舱分离出来；返回舱回收着陆系统工作，按程序完成开伞、抛大底、缓冲发动机工作等程序，最终实现着陆。

逃逸塔位于运载火箭和飞船的顶部，塔高8米，从远处看像是火箭上的避雷针（图4－5）。采用逃逸塔救生具有多种优点：一是适用范围大，从飞船发射前直至抛弃逃逸塔前均可发挥作用；二是整舱逃逸，人员安全有保障，航天员在座舱内，受爆炸冲击波、碎片和热辐射的影响较小；三是逃逸过载小，

图 4–5 逃逸塔

一般在航天员可承受范围之内，航天员更安全；四是逃逸性能好，其飞行高度可达1 500 米左右，飞行距离近3 000 米，可远离危险区。

在正常情况下，火箭起飞后约120 秒，逃逸塔完成预定使命后被抛掉。

（2）上升段大气层内应急救生

大气层内应急救生是指从火箭起飞至抛掉整流罩（约110 千米高度）前的应急救生，分为两段。

第1 段为从起飞至抛逃逸塔（约120 秒）。救生动力由逃逸塔提供，因此也被称为有塔逃逸。在这个时间段内，由于发生故障的时间不同，逃逸方式还有区别。例如：在运载火箭飞行起始段，由于火箭飞行高度较低，返回舱只能执行低空（高度约5 千米）救生程序；当火箭距离地面一定高度时，返回舱有条件实施中空（高度大于5 千米）救生程序；当飞行高度大于10 千米时，逃逸塔带着飞船与火箭分离后，飞船返回舱执行高空救生程序，这时的着陆程序与返回舱正常返回着陆的程序基本相同。

第2 段为从抛逃逸塔后至整流罩分离。由于逃逸塔已被抛掉，救生动力改由装于整流罩上的高空逃逸发动机提供，因此也被称为无塔逃逸。飞船逃离危险区、返回舱分离出来后，可以执行高空救生程序，在制导、导航与控制(GNC)系统控制下下降，回收着陆系统工作，返回舱着陆。

(3) 上升段大气层外应急救生

上升段大气层外应急救生是指抛整流罩后至飞船入轨这一时间段的应急救生。这段时间跨度很大，针对不同的故障情况，救生工作程序也大不相同。当圈返回时，不进行返回舱落点控制，充分利用飞船上的动力，使返回舱着陆在陆上或降落在海上的应急溅落区；如果飞船的高度和速度允许，也可以将飞船送入非设计轨道，然后选择运行段应急着陆区应急返回。

飞船发射段的最大危险源是运载火箭，因此，在没有逃逸塔将飞船带离运载火箭的情况下，首先运载火箭关机，飞船整船与运载火箭分离，飞船变轨发动机工作，使飞船逃离危险区。

当飞船高度较低时，启动飞船上的救生控制程序，飞船调整姿态，制动（或加速），返回舱分离。分离后的返回舱再调姿，GNC系统工作，成配平攻角飞行，实现再入升力控制，在预定高度启动回收着陆系统，返回舱着陆。整个过程与飞船正常返回时类似。

当飞船的轨道高度较高时，需要分析计算预期轨道寿命，根据计算结果决策采用第二圈应急返回还是在后续圈次应急返回国内已选定的着陆场区。

(4) 第二圈应急返回

第二圈应急返回是指飞船进入轨道后，仅仅绕地球飞行一圈就返回至我国境内。这是一种非正常情况下的应急返回，比如，飞船进入的轨道太低，按照正常衰减周期，飞船寿命不足以维持飞船返回至主、副着陆场，只能提前返回；飞船进入的轨道虽然正常，但飞船出了故障，严重影响飞船的正常飞行和航天员的生命安全，必须在第二圈尽快实施应急返回。

由此可见，入轨段的轨道测量和飞船状态监视十分重要。为了应对可能出现的紧急情况，一般在飞船入轨点附近布设一个地

> 知识链接
>
> **什么是GNC系统**
>
> “GNC”(Guidance Navigation and Control)是制导、导航和控制的英文缩写。GNC系统是载人飞船的神经中枢，主要负责飞船飞行全过程的姿态和轨道控制以及在轨飞行期间太阳帆板对日定向控制等。

面测控站或一艘远洋测量船，监视飞船入轨情况。若确认飞船入轨高度过低或发生故障，则向飞船发送控制指令或注入数据，“命令”飞船第二圈返回。

（5）弹道式返回

如果返回式航天器在进入大气层后只产生阻力而不产生升力，或者虽然产生不大的升力，但对此升力的大小和方向并不进行控制，这种返回方式称为弹道式返回。弹道式返回存在两个明显的缺点：一是航天器着陆精度较差，因为航天器离轨状态确定以后，整个返回轨道也就相应确定了，而且不能进行调整。所以，运行轨道偏差、制动状态偏差和大气偏差等都会累积到返回轨道的终点（即着陆点），导致航天器着陆散布范围较大。二是再入段相对比较陡峭，再入航程和时间都比较短，过载也相应较大，引起航天员身体的不适。

当然，飞船还可采取升力控制式返回（其准确的名称应该是弹道－升力式返回），其主要特点是在飞船设计阶段采取措施，使飞船的质心偏离其纵轴一定的距离，使得飞船进入大气层后产生一定的升力，控制系统按照一定的逻辑，改变升力在垂直和水平方向上的分量，从而控制飞船从再入点到着陆点的距离和着陆点的位置，降低过载，提高着陆精度，在一定程度上克服弹道式返回的缺点。打个形象的比喻，升力控制式返回过程与定点跳伞很类似，运动员通过调整降落伞的方向，控制降落伞下降的过程，直至降落在指定地点。

在正常情况下，飞船采用升力控制方式返回，如果发现与GNC系统相关的关键部件出现了故障，导致飞船再入大气层后不能进行升力控制，北京航天飞行控制中心就要作出决策，在飞船返回制动前“通知”飞船，本次飞行任务采用弹道式方式返回。

判断这类故障是很困难的，因为判断GNC系统某些部件是否正常，只有当飞船上的发动机工作时才能进行，如果发动机不工作，地面就无法判断。所以每次飞船返回前，控制发动机都要试喷，以验证工作是否正常，如果确认这些部件出现了故障，北京航天飞行控制中心就要综合分析飞船运行情况、跟踪测量情况等，生成飞船弹道式返回的控制参数，并在飞船返回前一定时间内发送至飞船，“命令”其执行弹道式返回程序返回地面。

(6) 自主应急返回

自主应急返回是指飞船在轨运行期间出现严重故障，由航天员自主或地面通知航天员启动飞船上的应急返回程序，尽快返回地面，以保证航天员的生命安全。

目前，自主应急返回在航天员、飞船和北京航天飞行控制中心的共同参与下完成，是一个交互式的过程：由地面根据轨道测量情况向飞船发送自主应急返回控制参数，并在经过每一个测控站时监视自主应急返回情况；航天员根据飞船故障情况，必要时启动自主应急返回“按钮”，在飞船计算机配合下自主选择着陆区；飞船按照航天员的操作，自动进入自主应急返回程序，直至返回舱着陆。在此期间，航天员可根据故障处理情况取消自主应急返回申请，地面也可根据监视情况和预案，通知航天员中止该程序。

为确保飞船在故障情况下能够及时返回地面，对于飞船的每一个运行圈次，在地面至少设置一个应急返回着陆区。

有些故障对策或预案是航天员可以自行决策的，有些故障对策或预案是需要地面决策并通知航天员启动或中止自主应急返回程序的。当然，也不是什么时间都能启动这套程序，在飞船变轨、轨道维持过程中以及航天员出舱活动、交会对接期间，为保证这些飞行事件的成功，一般要禁止执行自主应急返回功能。

7. 应急救生区的设置

除了主、副着陆场以外，为应对非正常情况和确保航天员生命安全，还要设置多个应急救生区，其设置与运载火箭和飞船的故障模式紧密相关，主要包括上升段陆上应急着陆区、海上应急溅落海域和运行段应急返回着陆区等。

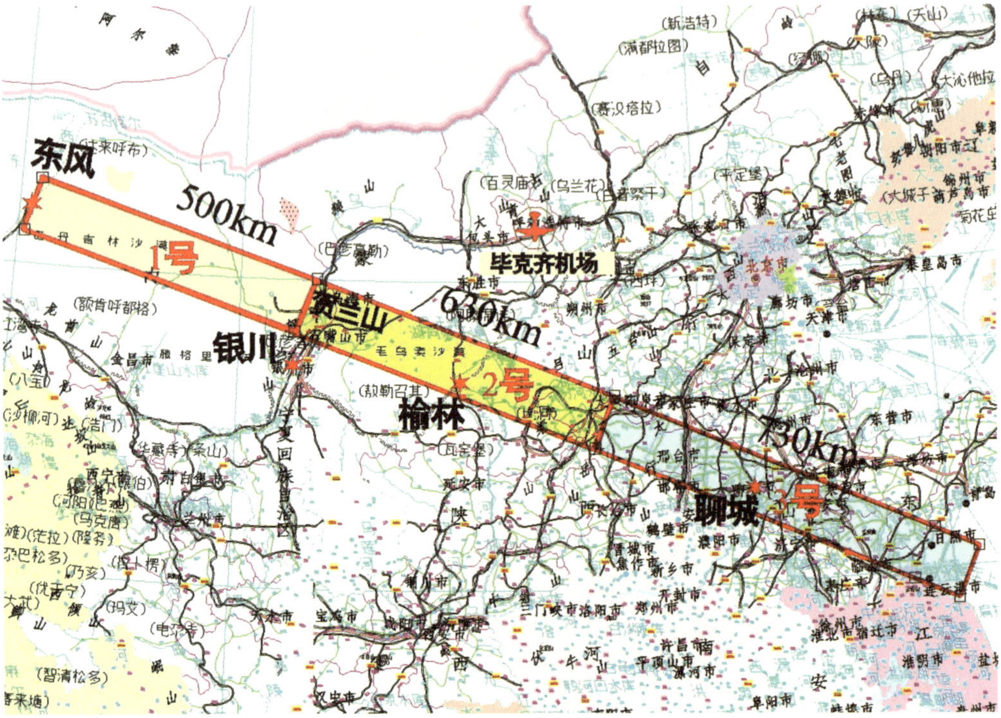

图4－6 上升段陆上应急着陆区示意图

(1) 上升段陆上应急着陆区

上升段中，在运载火箭不同的飞行阶段，设置了不同的故障模式，有些故障模式一旦发生，飞船返回舱可降落在国内陆上应急着陆区。按照运载火箭飞行时的地面航迹，从内蒙古巴丹吉林沙漠到江苏省连云港形成一条长约1 800千米、宽约100千米的地带，这就是上升段陆上应急着陆区。为便于搜救航天员，又将上升段陆上应急着陆区划分为若干搜救责任区（图4－6中1号、2号和3号）。

(2) 海上应急溅落海域

随着火箭飞行时间的增加，某些故障发生后，返回舱只能应急溅落于海上。

根据应急返回轨道计算，我国载人航天任务海上溅落区全长可达4 000多千米，部分溅落区还包含其他国家的领土或领海。为便于飞船返回舱在海上应急溅落时的航天员搜救，通过巧妙地利用飞船上的动力，可将返回舱溅落点压缩在三个较

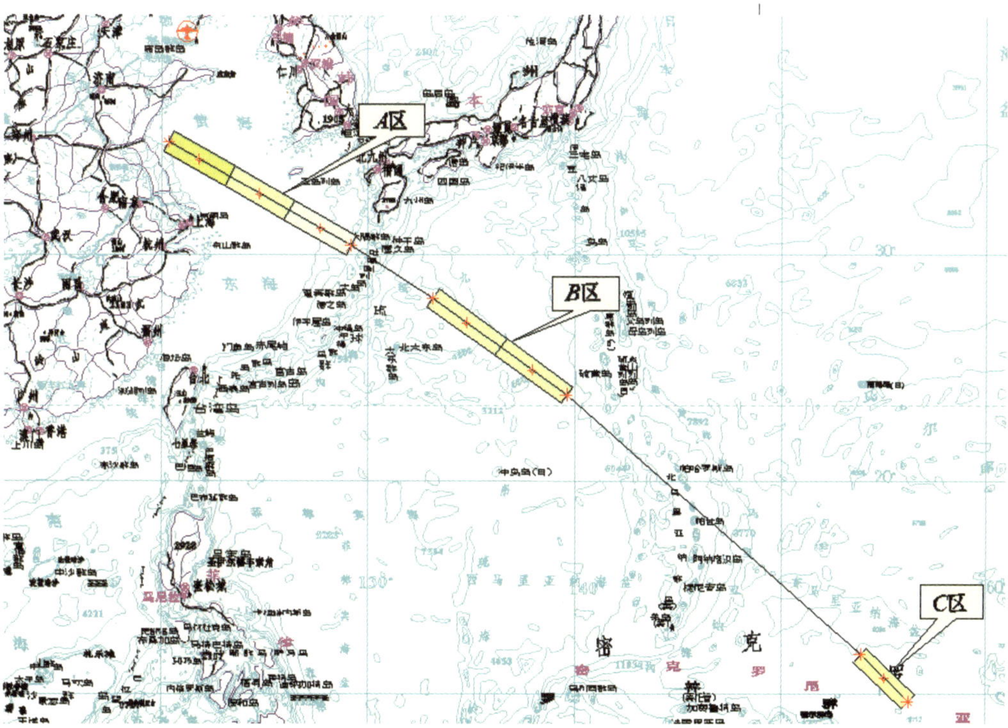

图 4–7 海上应急溅落海域示意图

短、较窄，总长约2 000千米的“小区”内，分别称为海上应急溅落海域A区、B区和C区（图4–7）。

(3) 运行段应急返回着陆区

飞船在轨飞行期间，由于各种原因，飞船有可能发生危及航天员生命的故障，航天员也可能出现急难病症，必须立即返回地面救治，这就需要飞船快速在运行段应急返回着陆区着陆。

为保证飞船出现故障时能够及时返回地面，在飞船运行段的每圈至少设置一个着陆区。

运行段应急返回着陆区首先考虑使用主、副着陆场；如果在主、副着陆场着陆的条件不具备，则尽可能选择在国内陆上着陆；如必须选择在国外着陆时，应尽可能选择发达国家、友好国家和地势平坦、着陆条件较好的地区；还要注意充分利用飞船在轨等待时间，尽可能选择条件较好的着陆区着陆。

8. 载人航天着陆场的气象保障

载人航天着陆场的气象保障一般包括天气预报、危险天气监测、高空气象参数探测和浅层风测量等。配置的主要设备有地面观测设备、浅层风测量设备（如测风塔等）、高空探测设备（如测风雷达、经纬仪等）、危险天气监测设备（如天气雷达等）、综合气象信息接收处理系统、天气预报系统等。具体内容包括：提供着陆场长期、中期和短期天气预报，为提前确定主着陆场或副着陆场的使用提供决策支持；对影响航天活动的重要天气现象进行监视和预警；提供地面至25千米海拔高度的高空气象参数；提供近地面层（地面至300米高度）的空中风参数。

第五章

搜索与救援

航天员乘坐返回舱回到地面后，尽快找到并帮助他们平安地走出座舱，返回温暖舒适的家，是搜索与救援部门的神圣职责。

1．航天搜救体系的组织

(1) 搜索救援组织指挥机构

正常情况下，飞船完成预定任务，按程序着陆在预定的主着陆场或副着陆场。由于载人航天固有的高风险，在发射、运行和返回的整个过程中，有可能由于火箭故障、飞船故障、航天员伤病或空间碎片撞击等因素，导致飞船返回舱应急返回。理论上，飞船返回舱应急返回的落点可能在船下点轨迹的任何地方。事实上，设计人员在进行飞船应急返回轨道设计时，都会利用飞船故障后的持续保障能力（飞船在轨等待能力）或飞船发动机系统提供的机动能力，使飞船返回舱尽可能着陆在预先选择的应急着陆区或应急溅落海域。即使如此，要在大范围内快速、有效地组织对应急返回的航天员进行搜索救援，仍是一项复杂的系统工程。

载人航天搜救是一个覆盖范围大、参加单位多、涉及面广的庞大体系，它涉及测控、通信、搜索定向、气象、返回舱处置、航天员医监医保、医疗救护以及航空飞行、海上打捞、摄影录像等众多专业。由于参加的部门及人员众多，任务组织需考虑和兼顾多方面因素。要使这样一个系统高效运行、快速反应，就必须有一套严密的组织指挥机构。中国载人航天搜救的组织指挥由北京航天搜救指挥部承担，负责载人飞船发射、运行和返回过程中的搜救力量的调集、派遣和搜救作业的组织指挥。

(2) 搜索救援的协同

航天员搜索救援是目前实施载人航天的国家都非常重视的问题，但在所有飞船可能着陆的区域配置大量专业的搜救力量又不太现实。目前，国际上普遍采用的方式是组建有限专业航天搜救队伍，保证正常返回的返回舱搜索回收和航天员救援，应急搜救则综合利用军队和国家已有搜救力量来保障。我国也不例外，除在主、副着陆场配置专业的搜救力量外，应急搜救主要是发扬我国多单位、多部门密切合作的优良传统，充分利用已有搜救资源，确保返回舱的快速搜索和航天员的及时救援。

为保障航天员救援工作的顺利实施，我国航天搜救的协同包括三个层次：第一个层次是搜救信息的综合利用。搜救指挥机构北京航天搜救指挥部利用北京航天飞行控制中心、西安卫星测控中心、酒泉发射指挥控制中心和中国低极轨道搜救卫星任务控制中心（CNMCC）的信息资源，进行综合分析，为搜救指挥决策提供信息支持；第二个层次是建立专家支持机制，依托飞行控制专家组、航天医学专家组和气象保障组等，随时掌握飞船飞行情况、航天员身体状态和着陆区天气情况，进行搜救的科学决策；第三个层次是预设着陆场和应急着陆区的前置指挥机构，负责应急着陆区现场指挥和保障。图 5－1 为搜救组织指挥及协同关系图。

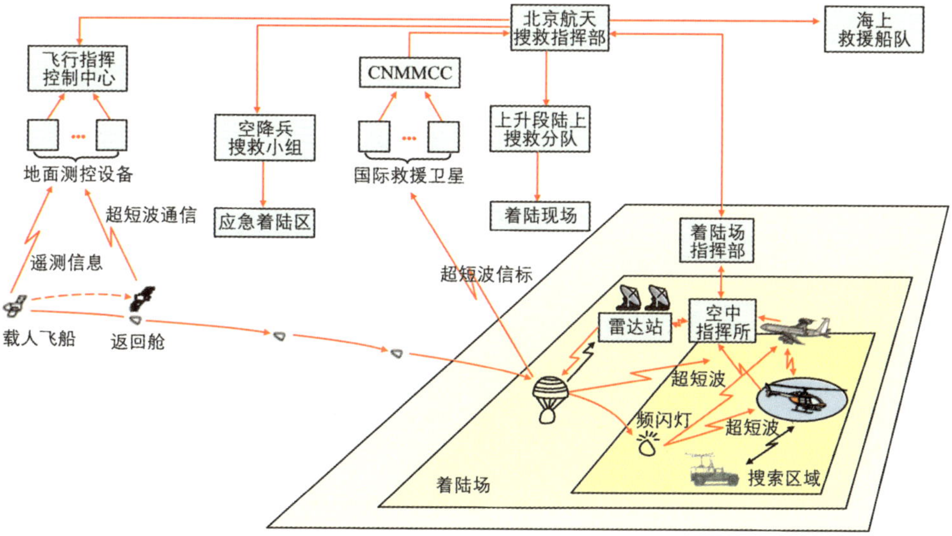

图 5–1 搜救组织指挥及协同关系图

知识链接

美国载人航天回收救援系统的组织管理

美国的载人航天计划由国家航空航天局主管。但是，为了综合利用国家资源，根据美国国家航天航空法的要求，国防部有责任向国家航空航天局提供支援，特别是在载人飞船的回收方面，要承担主要任务。以水星飞船的回收救援为例，可以大致了解美国载人飞船回收救援工作的组织管理形式。

国防部支援水星计划工作分为准备工作阶段和飞行任务阶段。

在准备工作阶段，国防部负责任务计划制定和支援部队调遣、部署和训练。

在飞行任务阶段（自发射前24小时倒计时始，至航天员和返回舱交国家航空航天局止），国家航空航天局负责航天员搜救的决策，国防部负责搜救部队、资源和设施的调配和指挥。

任务中，国防部在卡纳维拉尔角建立水星计划回收控制中心，对全球范围的回收部队进行指挥，从而对各种应急返回情况作出快速反应。

在水星计划中，国防部派出2个支援回收的特遣部队，设置4个协调中心，调用飞机171架，船只28艘，参加总人数约18 000人。

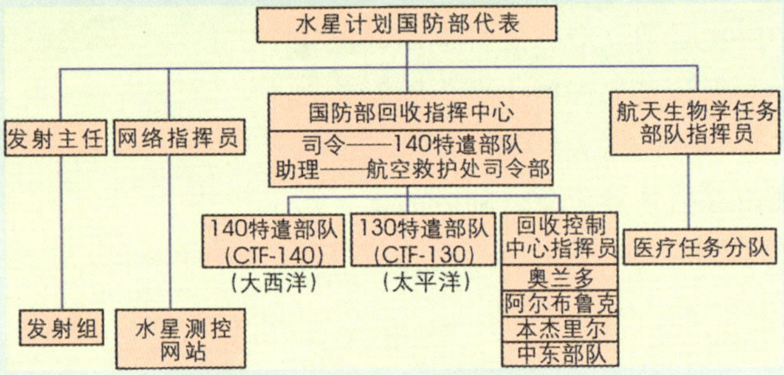

美国国防部支援水星计划搜救组织机构

知识链接

俄罗斯载人航天回收救援系统的组织管理

俄罗斯载人飞船的回收救援工作由国防部和卫生部统一指挥，航天航空搜救局、载人飞船研制单位和飞行控制部门负责具体实施。

当返回舱着陆在预定着陆场时，由专业的搜救回收大队负责航天员救援和返回舱回收。当返回舱在某一备用着陆场降落时，除编制的回收场救生大队进行回收与救援外，还要吸收任何可能的部队和部门参加回收与救援工作。当返回舱应急降落在外国领土或海域时，其搜索、回收与救援工作需要通过国际条约或双边协议进行，并由专门的海军与空军搜救中队抵达返回舱着陆国进行回收和救援。

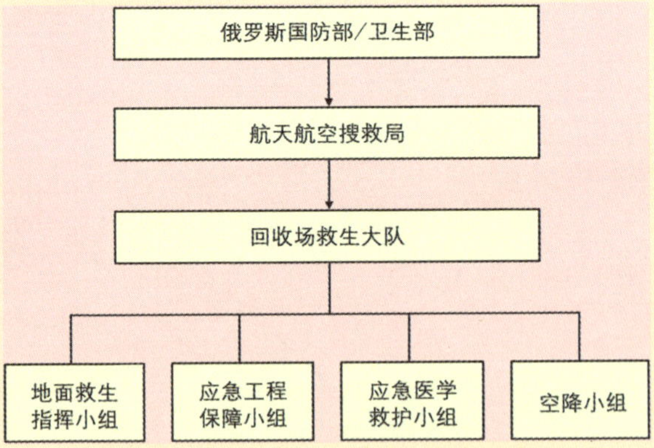

俄罗斯航天员返回着陆营救组织结构图

俄罗斯航天员返回着陆营救的组织机构分为如图所示的四个层次。

俄罗斯国防部和卫生部是航天员返回着陆营救工作的领导机关，负责航天员返回着陆的全面营救工作。航天航空救生局负责制定航天员的救生计划；回收场救生大队配备有飞机和地面搜索回收设备，负责组织各专业小组实施返回舱搜索、航天员出舱、运送和医监医保。

2. 如何快速找到返回舱

为保证地面航天搜救系统及时搜索到返回地面的返回舱，除在飞船返回航迹上布设一定数量的雷达，跟踪测量返回舱轨道并预报落点位置外，返回舱上还配有自主标示自身位置的示位标设备，告诉搜救人员“我在这里”。返回舱上的着陆标位设备以发送国际救援组织规定频率和格式的无线电设备为主，主要有超短波信标、超短波通信设备、国际搜索救援示位标等（图5－2）；为方便夜间寻找返回舱，在返回舱“肩部”位置装有闪光灯（图5－3），直升机据此能在夜间发现3～5千米远的返回舱；当返回舱溅落在海上时，在波浪翻滚的大海里，直径小于3米的返回舱更难以发现，为引导飞机和救捞船搜索返回舱，在返回舱“底部”装有海水染色剂，当返回舱溅落水上时，海水染色剂会缓慢释放，将附近水面染成亮绿色，持续时间可达4小时。

图5－2 返回舱着陆后弹出的短波和超短波信标天线

图5－3 从另外一个侧面可以看到天线舱露出的闪光灯

返回舱的主伞伞衣用对比度强烈的同心圆彩带做成，而彩条的颜色组合可以根据飞船返回季节的大地背景进行选择。利用这种与大地背景反差很大的降落伞，可以增大返回舱的空中发现距离（图5－4）。

图5－4 色彩鲜艳的降落伞在秋末的草原上非常醒目

3. 航天员携带哪些救生物品

就像我们驾车长途旅行前需要准备一些必备物品一样，航天员也要携带必要的救生物品，以备不时之需。航天员携带的救生物品包括求救联络和生存保障两类，全部装在救生物品包内，供航天员返回后自行出舱时使用。

求救联络物品有：个人呼救电台、卫星电话、GPS定位仪、信

图 5–5 航天员在训练中施放烟火管

号枪、闪光标位器、太阳反光镜、光烟信号管和海水染色剂等。很明显，这些物品都是用于与搜救人员联络，告知自己的具体位置的。图 5－5 是航天员在训练时施放烟火管的情景。

生存保障物品有：食品、饮用水、食盐、救生船、渔具、抗浸防寒漂浮装备、指北针、防风火柴、防尘太阳镜、引火物、救生手册、急救药包、驱鲨鱼剂、防身手枪和防身刀等。一般情况下，航天员携带的食品和饮用水可以满足两天的生存需要。当返回舱应急着陆在偏僻的山区或搜救力量较弱的国外地区，航天员不能在短时间内获得救助时，可以用携带的装具获取食物。

4. 主、副着陆场配备哪些搜救力量

主、副着陆场均要提前布置搜救设施和人员。当然，主着陆场配备的人员和设施较全、较多。

(1) 搜救人员

参加主、副着陆场搜救回收任务的人员一般来自总参陆航部队、总装直属部队，也包括飞船研制单位和载荷应用单位的代表。为满足任务要求，这些人员事先均经过专业的技术培训，并通过了考核。

为便于现场组织指挥，将这些人员按职责分工和作业时序分成搜索警戒组、返回舱处置组、医监医保医疗救护组、载荷回收组、返回舱转运组、通信摄录组和空降小组等。

搜索警戒组主要由飞行员组成，在返回舱搜索阶段主要负责定向、定位设备的操作。装在直升机驾驶舱内的搜索定向设备直接显示目标方向，引导直升机接近返回舱。到达返回舱着陆现场后则负责建立安全区，警戒及保护着陆现场。

返回舱处置组主要由飞船研制单位的着陆场搜救队人员组成，负责返回舱状态检查、开启舱门、γ 源（伽马放射源，是测量飞船距地面高度的装置）防护盖安装、推进剂检漏与处置和协助航天员出舱等。

医监医保医疗救护组包括医监医保人员和医疗救护人员。负责对航天员运输载体的清洁消毒，对航天员接触人员进行健康监控；协助航天员出舱，并对航天员实施现场医监医保或医疗救护；负责后送或转运途中的航天员监护和必要的救护。

回收、转运组主要负责回收有效载荷与返回舱，力争回收防热大底、降落伞及伞舱盖等散落物，利用返回舱吊车将返回舱和散落物转运到指定火车站，并押运至北京。

通信摄录组除着陆场搜救队人员外，还有部分新闻单位人员参加。他们分工负责返回舱乘伞下降、现场处置及航天员救援等过程的实况摄录和拍照，建立搜救过程着陆场区内通信及现场与北京航天飞行控制中心和后方支持医院的通信。

空降小组的成员是经过专业培训的具有跳伞经验的返回舱处置人员和医生。当返回舱降落在超出直升机航程或其他交通工具无法到达的地方时，由搜索飞机将救援人员空降到着陆点，并以最快的速度把航天员从返回舱中营救出来，对航天员进行初步的医学诊断及简单处置。

（2）搜救装备

航天员搜救的主要装备是直升机，但直升机起降容易受着陆场区的气象条件制约，因此，在主、副着陆场还配置有专业的搜救回收车辆，组成空中和地面互为补充的两个分队。

图 5－6 训练中的搜救直升机（左）

图 5－7 着陆场搜救车辆在雪地里整装待发（右）

着陆场选用的直升机是陆航部队的救援或运输直升机。为满足航天员搜救、返回舱处置和科学实验载荷运输的要求，一般在直升机进驻着陆场前都要进行必要的改装，比如，加装搜索定向、指挥通信、载荷存储、航天员医学检查及必要的医疗救护等设备。经过改装的直升机就成为专用直升机（图 5－6），分别承担搜救指挥通信、返回舱搜索与吊运、航天员救援、有效载荷运输、现场实况摄录与转发等任务。

搜救专用车辆（图 5－7）是一种机动性能很强的越野车，经过改造，配备卫星通信设备、搜索定向设备及指挥显示设备等，加装返回舱吊车、航天员医学检查设备及医疗救护设备等，具备与空中分队同样的功能。

5. 智能化的指挥系统

图 5－8 着陆场指挥系统

要想及时救援航天员，在快速机动过程中获取指挥决策所需的必要信息，并在短时间内作出分析判断，必须借助高度智能化的指挥系统。

在着陆场的空中和地面分队均配备可视化指挥系统，可接受北京航天飞行控制中心的指挥，并实时获取飞船的返回轨道数据、工程遥测信息和返回舱落点预报；通过北斗定位用户终端接收着陆场搜救载体的实时位置信息，掌控所属搜救力量实时动态，指挥搜救行动。着陆场指挥系统（图 5－8）的核心是地理信息系统，而地理信息系统的基础是着陆场的三维电子地图。我们通常使用的是二维地图，可以显示经纬网，能够查阅目标位置和进行目标地面距离量算等。而三维电子地图的功能更强，除具备二维地图的所有功能外，还可以根据观察者的视点、视角、高度和观察方向等变化，更直观地了解场区的地形地貌和搜救载体在场区的空间位置（图5－9），其最大优势是能够根据道路网、地形信息等选择地面车队行进的最优路径，也可在大范围内选择直升机降落场。

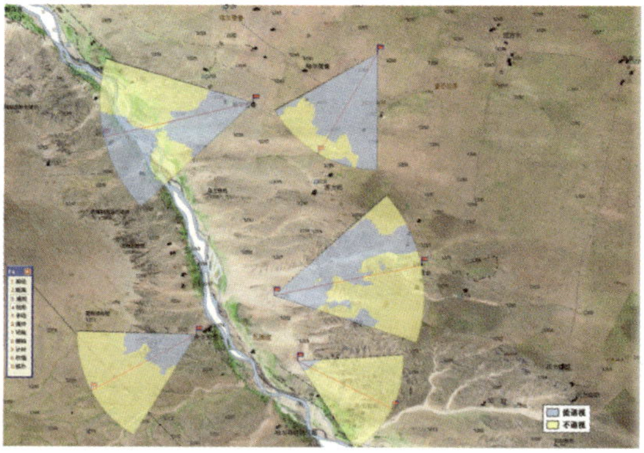

图 5－9　着陆场指挥系统的地形地貌实时分析效果

指挥系统的另外一项重要功能是对飞船返回轨道和直升机实时位置数据进行计算，当两者相距接近安全距离时发出警告，由直升机进行避让，以有效保护航天员和搜救人员的安全。指挥系统还记录有着陆场区内影响直升机飞行安全的高山、大中型厂矿、电信塔、测风塔、风力发电机塔等地形地物，当直升机靠近这些危险物时提出告警。图5－10为着陆场指挥系统实时显示的搜救直升机位置和飞行航迹。

图 5－10 着陆场指挥系统实时显示的搜救直升机位置和飞行航迹

6. 正常返回的返回舱搜索

（1）返回舱远距离测量

远距离测量主要靠地面测量设备。在飞船离轨、制动、调姿、再入和着陆过程中，有多台测控设备跟踪测量返回轨迹，并根据测量数据预报返回舱落点。图5－11所示为着陆场S波段活动测量站。对进入黑障区的目标测量由主、副着陆场配置的有限电扫雷达（图5－12）以反射方式进行跟踪测量。

图 5–11 着陆场 S 波段活动测量站（左）

图 5–12 着陆场有限电扫雷达（右）

（2）返回舱近距离搜索

返回舱的近距离搜索则依靠机载超短波定向仪。在返回舱的超短波通信信标机配合下，飞机、直升机利用机载超短波定向仪，监视、捕获返回舱信标信号，对返回舱进行定向、定位。

在着陆段，返回舱需要完成一系列动作，如抛伞舱盖、引导伞、减速伞和防热大底等。为了防止这些散落物与直升机发生碰撞，直升机以一定的指向角接近返回舱。确认返回舱落地后，直升机方可迅速靠近返回舱（图 5–13）。

此外，在搜救载体上还配置了带有陀螺自稳定功能的望远镜，用于目视搜索返回舱。

图 5–13 直升机正赶往飞船着陆区

（3） 搜救过程直升机如何布阵

直升机空中布局主要考虑以下几个因素：布设在返回舱着陆散布范围以外；机载超短波定向仪的作用距离；布设在返回轨道的两侧；满足直升机安全飞行要求。

典型的直升机空中布局如图 5－14 所示。

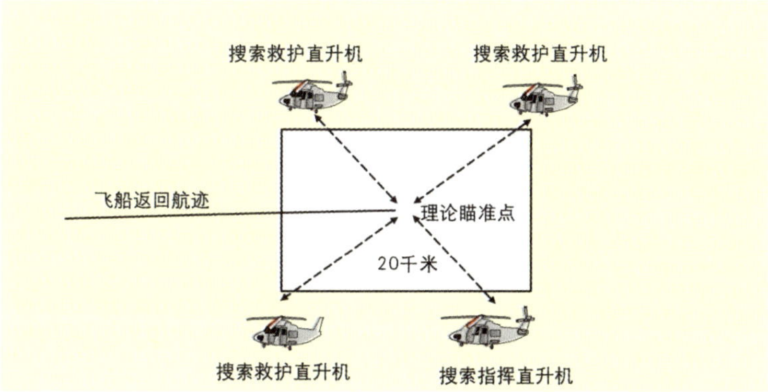

图 5－14 空中搜救载体布局示意图

直升机一般是迎风降落，正对风向按顺序停放在返回舱的两侧，以避免直升机卷起的沙尘影响着陆现场的航天员救援。同时也能避开返回舱降落伞，防止降落伞卷入直升机旋翼。

7. 国际搜救资源的利用

1985 年，经国务院批准，由交通运输部代表我国以“用户”身份加入了全球卫星搜救组织。北京全球卫星搜救系统建成后，作为我国建设“全球海上遇险与安全系统工程”的一个子系统，于 1998 年 1 月 26 日顺利通过了国际组织的入网测试，进入全功能运行状态。自此，我国在全球卫星搜救组织中的身份也变更为“地面设备提供国”。

全球卫星搜救系统以其全球覆盖、定位准确、预报及时、使用方便和国际协作等特点，不仅在我国航海、航空、长途运输、地质勘探、科学考察和野外探险等多种活动中得到了广泛应用，而且也成为载人航天任务搜索回收的有效手段。

全球卫星搜救系统的极轨卫星接收用户遇险示位标发出的信标信号，经处理后将结果以1 544.5 兆赫兹的频率发送到卫星当前可见的本地用户接收终端，此种方式称为该系统的本地模式。处理结果在下行转发的同时，被存储在卫星上，并在卫星运行过程中不断对地面广播，从而使全球所有跟踪此颗卫星的本地用户接收终端都可以收到求救信息。这种方式称为全球模式。

单颗地球静止轨道卫星可以对地球表面1/3 区域进行监视，因而在轨道上等间距地布设3 颗地球静止轨道卫星，就可以覆盖全球南北纬70° 之间的全部地区。但是静止轨道卫星相对于地球表面基本静止不动，不会产生多普勒效应，因而对遇险信标的定位就

知识链接

国际搜救卫星系统

国际搜救卫星系统是1981 年由美国、苏联、法国和加拿大四国联合开发的一套利用卫星对地球上求救信号进行搜索救援的服务系统，包括COSPAS 系统和SARSAT 系统，简称全球卫星搜救系统。

该系统卫星星座由多颗低高度极轨卫星（LEOSAR）组成，从2000 年开始又增加了地球同步轨道卫星（GEOSAR），其地面部分由本地用户接收终端（LUT）与搜救任务控制中心（MCC）组成，负责全球范围内的遇险求救信号的监视，对信号定位和用户身份进行确认，从而使遇险者得到及时有效的救助。

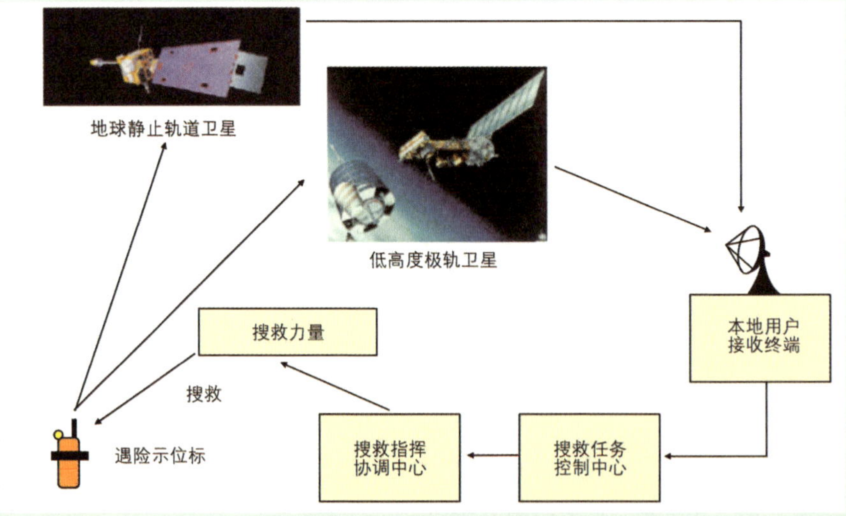

国际救援卫星信息传递示意图

无法采用多普勒技术定位。此类卫星对信标的定位主要依靠信标信号携带的GPS定位数据。

极轨卫星沿地球经圈方向运行，对地面形成4 000千米宽的监视地带。从地面观测，每颗卫星平均过境时间为15分钟，因此极轨卫星系统无法完成对某一地区的全时段监视，也就必然造成接收求救信号的延迟。而且，极轨卫星系统对于赤道一带低纬度地区所提供的监视时间明显少于高纬度地区。静止轨道卫星系统与之相反，可以对全球南北纬70°之间地区提供全时段监视，但无法覆盖两极地区。不难看出，就对地监视覆盖而言，两种卫星系统的特点恰好可以相互补充，形成覆盖全球且接近实时的对地面监视星座系统。

从两种卫星系统获得的406兆赫兹信标还可以组合完成多普勒定位，进而提高对遇险示位标的定位精度。

全球卫星搜救系统对全球的地理区域进行了划分，并据此设置了22个搜救任务控制中心和45个本地用户接收终端。地面系统以搜救任务控制中心和本地用户接收终端作为节点，通过国际电信联盟（ITU）提供的相应信道构成完整系统，并且与当地政府设置的搜救指挥协调中心（RCC）和搜救协调点（SPOC）保持密切联系。

全球搜救卫星系统对每一个任务控制中心都按照其所属的地理区域位置，划分了搜救服务区。任务控制中心在对每一个示位标数据进行处理时，首先判定其发生报警的位置。如果报警发生在自己的搜救服务区内，那么任务控制中心将向本区域内由各国政府自设的搜救指挥协调中心或搜救协调点发送报警报文，给出报警位置和示位标的用户登记信息。如果报警发生在自己的搜救服务区以外，任务控制中心将向自己所属的节点搜救任务控制中心（Nodal MCC）发送报警报文，由它通知相关机构。全球搜救卫星系统信息传递关系如图5-15所示。

用户信标是一个独立的小型信号发射机，目前采用的频率有3个，分别是121.5兆赫兹、243兆赫兹和406兆赫兹。121.5兆赫兹和243兆赫兹主要作为航空机载示位标，406兆赫兹作为航海船载和个人用示位标。

图5－15 全球搜救卫星系统信息传递示意图

在我国载人飞船上，装有243兆赫兹和406兆赫兹两种遇险示位标。借助全球卫星搜救系统，应急返回的返回舱和航天员不论着陆于世界哪个地区，都能很快与搜救人员取得联系，以便动用附近力量进行救援。

8. 我国双星定位系统在航天搜救中的作用

提到卫星定位，大家首先会想到目前被普遍使用的GPS定位系统。其实，随着卫星导航系统在国家安全、交通运输、自然灾害监测和预报以及工农业生产中的广泛应用，卫星导航定位越来越被世人所关注。目前，国际上已经建成的卫星导航定位系统有美国的GPS、俄罗斯的GLONASS，欧洲的GALILEO系统正在建造之中。2000年我国建成了具有自主知识产权的区域性双星定位系统——北斗一号导航定位系统。该系统具有快速定位、双向通信和精密授时三大功能。

为了实现对航天搜救力量的动态管理和实时调度，在所有搜救载体上配置了普通用户终端，用来获取自身的位置、状态数据并与上级管理部门双向交换报文信息。在主、副着陆场配备指挥用户终端，负责主、副着陆场所属用户群的管理；在北京航天搜救指挥部配置指挥用户终端，负责用户群所有用户和指挥用户的管理。为返回舱和航天员也配置普通用户终端，纳入航天搜救用户群中，可以及时将返回舱位置或出舱后的航天员状态报告给搜救指挥人员。

知识链接

双星定位的基本原理

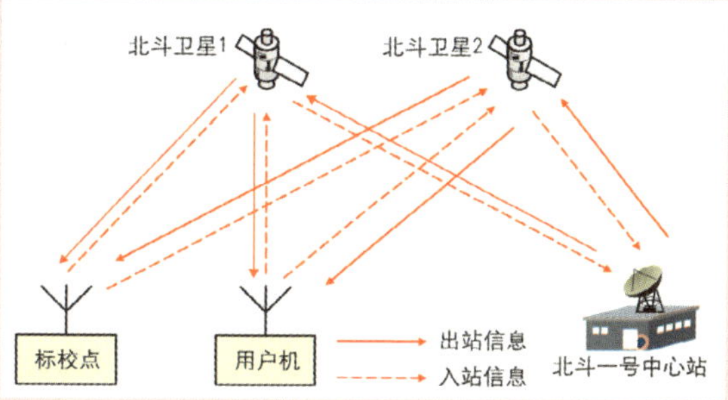

北斗一号导航定位系统工作过程

我国北斗一号导航定位系统的基本工作过程如下：由中心站以特定频率发射调制伪码的连续波信号，信号经两颗地球静止卫星分别向用户广播。需要定位的用户接收到信号后作出响应，并将响应信息和服务项目申请信息经两颗卫星转发至地面中心站。地面中心站可以通过解调出用户的响应信息与发送信息的时间差计算出信号传输距离。卫星本身的位置由地面测控网精确测量，也就是地面中心站到卫星的距离是已知数，扣除地面中心站到卫星的距离就可以计算出用户分别至两颗卫星的距离。借助地球参考椭球与两个以卫星为球心、卫星到用户的距离为半径的圆球进行联合求解，在中心计算出用户的位置。用户的位置信息再经卫星发给申请定位的用户，用户即可知道自己所处的位置。双星定位系统的几何原理如图所示。在地面中心站与用户之间双向传输的定位信号中还可加进简短的报文。

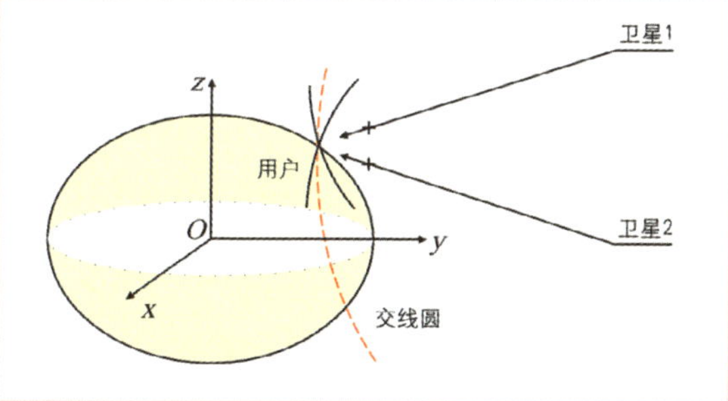

双星定位几何原理图

但是，地球表面不是一个规则椭球面，即用户一般不一定恰恰在参考椭球面上，这就需要借助地理信息系统来确定用户的当地高程数据。

北斗系统所有用户的信息都将汇集在地面中心站，而且地面中心站与用户之间、用户与用户之间还具有双向通信功能，因此它不依赖于任何其他通信手段就能实现系统组网。指挥级集团用户可以实时接收所有所属用户的位置信息，也可向所属用户群发或单发指挥短信，从而实现对所属用户群的远程定位与监控调度。

9. 返回舱现场处置

(1) 返回舱生保设计

航天员的安全是所有人都关心的一个问题。食品、水和氧气是人体生存所必需的三大物质。据医学研究表明：人6周不吃食品还可能存活，6天不喝水也可能存活，但是缺氧6分钟就会造成死亡。所以在返回舱着陆后，首先要保障舱内航天员的供氧问题。正常情况下，返回舱着陆后应开启舱门自然通风。如舱门打不开，或者溅落于水上，则打开返回舱顶部3个通风孔（2个为进风口，1个为排风口，所有风口只允许气体通过，水不能通过），由风机强迫舱内与外界通风换气。

返回舱虽然具有水上溅落和漂浮能力，但一旦搜救人员不能及时赶到溅落水域，对航天员的安全还是会带来一定的威胁。首先应保证航天员在舱内有一个较为舒适的姿态。飞船设计师在进行飞船结构设计时已合理设计了返回舱浮心的位置，以保证航天员在返回舱漂浮状态下始终处于仰卧姿势。但返回舱抛伞后留下伞舱的空隙一旦进水，返回舱就会改变漂浮姿态。为此，回收着陆分系统在伞舱内设计了充气装置和气囊，当返回舱着陆后及时给气囊充气，将伞舱充满，防止水进入伞舱，使返回舱保持正确的漂浮姿态。

航天员飞行手册中要求返回舱溅落水上时，航天员一般在舱内待援。一般船舶的结构都是箱型设计，而且有舵、鳍等稳定措施，可以保障船舶在水中有一定的稳定性。而返回舱为钟型结构，在水中呈自由飘浮状态，航天员无法长时间呆在舱内。返回舱中还备有抗浸防寒服和救生筏，一旦航天员需要出舱，首先将救生筏充气后抛入水中，使漂浮装置充气，然后穿上抗浸防寒服，带好救生物品包，在救生筏上等待援助。

(2) 返回舱处置专用设备

由于技术条件的限制，目前返回舱小型控制发动机的推进剂对人体有一定的毒性。所以，返回舱着陆前，一般要排空剩余的推进剂。但在返回舱着陆后，在发动机管路或返回舱周围有可能仍残留部分推进剂，如果返回舱着陆后时间较长或着陆点附近风力较大，这些残留推进剂会自然挥发散尽。当然，为确保搜救人员和航天员安全，还需要用推进剂检测仪检测，必要时用清消液进行中和处理。

返回舱的舱门可以从内外两个方向开启。各搜救单元都至少配有一把开启舱门的钥匙，以便开启舱门，一旦由于着陆姿态或着陆环境不利，造成舱门变形无法用钥匙开启，就需要用特殊的破舱工具。

搜救人员携带的现场处置设备中体积最大的就是返回舱处置平台（图5–16）。平台由可以调节高度的两个框梯和一个滑梯支撑。框梯作用不言自明，而设置滑梯则是因为航天员出舱时身着航天服行动不便，另外，航天员刚刚返回地面时，身体机能尚未完全恢复，需要救援人员协助其顺着滑梯到达地面。在平台中心开有一个略大于返回舱舱口的圆孔，方便救援人员和航天员通过。

图5–16 返回舱处置平台

航天员搜救是一项专业性很强的工作，除了利用我国应急救援机构的一些成熟技术和装备外，还需要根据载人航天搜救的环境要求、功能要求和特殊需要，配备一些专用设施。

（3）返回舱现场处置的主要内容

航天员完成预定任务返回地面后，所有人员都有一个共同的

图 5-17　回收有效载荷

图 5-18　回收作业人员正在吊装返回舱

图 5-19　返回舱在转运途中

愿望，就是尽快了解航天员的身体状况。但搜救人员到达返回舱着陆现场后的第一任务并不是立即打开舱门，协助航天员出舱，而是对返回舱进行必要的检查和处理。检查的内容包括控制发动机推进剂是否有残留、返回着陆段应该工作的火工品是否已经工作、弹射天线是否弹出等。如果返回舱着陆后呈水平姿态（即返回舱侧向倾倒），要用特制的γ源防护盖屏蔽位于返回舱底部测高仪的γ源，防止辐射对救援人员造成危害。在确认没有危及救援人员和航天员的不安全因素后再打开舱门，协助航天员出舱。

航天员出舱后，还需要对返回舱再次进行安全处理。首先关闭返回舱电源，取出备用火工品控制单元，将测高仪γ源取出并存储于专用保护容器内，然后回收科学实验载荷和应用载荷。图5-17为工作人员回收有效载荷的场景。

返回舱处置完毕后，利用返回舱吊挂具将其吊运到返回舱运输车上，转运至北京飞船研制单位进行进一步研究分析。图5-18和图5-19分别为返回舱吊装和转运的情况。

10. 建立以人为本的航天员救援体系

（1） 载人航天活动中航天员可能发生的伤病

载人航天工程是高风险的太空探险活动，在载人航天飞行中

知识链接

载人航天活动中曾发生的航天员伤病

在过去40多年的载人航天活动中，美国和苏联／俄罗斯发生过的航天故障和导致的航天员伤病如表1、表2所示，由于飞船环境因素造成航天员疾病的事件如表3所示。

表1　美国载人航天发生的主要故障、事故和安全问题

时　间	航 天 器	致伤(死)原因	主要伤情
1961年7月	水星／红石4号飞船	溅落海上，海水入舱	淹溺
1964年10月	T38训练飞机	发动机停车	冲击伤(机毁人亡)
1966年2月	双子星座6号飞船	飞机失事、爆炸	爆炸复合伤
1966年3月	双子星座飞船	航天员跌落海中	淹溺
1967年1月	阿波罗4A(阿波罗1)飞船	导线短路及纯氧环境导致火灾	烧伤
1970年4月	阿波罗13号飞船	电机火花引起着火	烧伤
1975年7月	阿波罗18号飞船	操作失误，导致四氧化二氮入舱	四氧化二氮中毒
1986年1月	挑战者号航天飞机	推进剂泄漏发生爆炸	爆炸复合伤
2003年2月	哥伦比亚号航天飞机	爆炸	爆炸复合伤

表2　苏联载人航天发生的主要故障、事故和安全问题

时　间	航 天 器	致伤(死)原因	主要伤情
1960年5月	载人航天飞行座舱	被舱门撞击死亡	撞击伤
1965年3月	上升2号飞船舱外活动	偏离预定着陆点3千米、室外生存1夜	冻伤、饥饿
1967年4月	联盟1号飞船	降落伞无法打开，在着陆点撞毁	冲击伤致死
1971年6月	联盟11号飞船	舱内漏气	爆炸性减压致死
1975年4月	联盟18－A号飞船	因发射段级间分离故障而导致飞行任务紧急中止。返回时经受了14～15g的过载无控加速降落	冲击过载致伤
1976年8月	联盟21号飞船	舱内出现不明的呛人气味	呼吸系统损伤
1976年10月	联盟23号飞船	返回时航天员溅落到结冰的湖面	冲击伤、冻伤
1978年7月	联盟29号飞船	一氧化碳超过容许浓度	一氧化碳中毒、头痛
1979年3月	进步5号货船	燃料泄漏	化学物品中毒
1979年4月	联盟33号飞船	返回制动冲量不够，航天员经受8～10g的过载时间达530秒之久	冲击过载致伤
1981年3月	联盟T－4号飞船与礼炮6号空间站对接后	太阳能帆板故障	冻伤
1983年9月	礼炮7号空间站	太阳能帆板电源系统故障，舱内出现呛人气味	呼吸系统疾病
1988年9月	联盟TM－5号飞船	返回时间延长了1天多	饥饿、缺水

表3 航天员已发生过的疾病

时　间	航天员姓名	航天器	发生的疾病
1961年8月	季托夫	东方2号飞船	运动病
1962年10月	希尔拉	水星MA－8号飞船	飞行后立位耐力降低
1964年10月	科马罗夫	上升1号飞船	前庭障碍
1965年3月	别利亚耶夫	上升2号飞船	胃溃疡
1968年10月	坎宁安	阿波罗7号飞船	上呼吸道病毒感染
1969年3月	麦克特维特	阿波罗9号飞船	病毒感染、运动病
1969年5月	斯坦福德	阿波罗10号飞船	玻璃纤维刺激皮肤、眼以及上呼吸道
1969年11月	康拉德	阿波罗12号飞船	因电极膏导致接触性皮炎

导致航天员发生伤病的因素主要有以下三方面：

一是机械性损伤，包括摩擦、挤压和碰撞造成的软组织损伤、骨质损伤和冲击造成的内脏损伤。

二是环境因素致伤，包括飞船小气候和力学环境造成的身体伤病和心理疾病，如灼伤、中毒、缺氧和减压等；也包括飞船着陆区环境造成的航天员损伤，如中暑、冻伤、淹溺和蛇虫咬伤等。

三是航天员生病。

（2）救护体系

载人航天是高科技、高投入和高风险的工程项目。高科技、高投入大家都好理解，而所谓高风险并不是说载人航天的系统可靠性不高，而是指在载人航天飞行过程中一旦发生故障，故障的可修复性较小，且故障导致的后果非常严重。它不可能像飞机发生故障时可以迫降，更不可能像汽车发生故障后可以随时停在路边进行维修。

保证航天员的生命安全是载人航天工程的首要任务，而航天员的安全很大程度上取决于载人航天器、运载火箭、发射装置、测控设备、回收和营救设施的可靠性。各航天大国都非常重视载人航天的可靠性设计和投入。据美国航天部门统计，美国用在提高载人航天器可靠性方面投入的费用约占工程总费用的13%。即便如此，美国载人航天的成功率仅为88%，俄罗斯的成功率也只有93.5%。在过去40多年的载人航天活动中，人类在探索太空、利用太空方面取得了辉煌成就，同时也付出了血的代价。据已经公开的统计资料，载人航天器在试验、发射、飞行和返回各个阶段发生各类故障300余次，有22名航天员在探索太空的征途上献出了宝贵的生命。当然，也不乏在航天器发生故障后，由航天搜救队实施救护使航天员安全脱险的事例。从某种程度来说，载人航天返回搜救是确保航天员安全的最后一道安全网。因此，实施载人航天的国家都非常重视航天救护体系的建设。

我国载人航天工程航天员救护体系主要是综合利用我国军队已有的卫生后勤资源，同时动员部分地方医院作为补充，主要包括软件、硬件和人员。软件主要是制定与航天员救护有关的组织管理程序、任务协同程序和救护实施程序，当然也包括医疗救护人员选拔、培训和考核计划等；硬件主要是指医疗设施采办或调配、救援载体改装和后方支持医院救援环境建设等；人员方面包括现场医疗救护队、院内救护队和医学支援专家组成员。

（3）航天员救护的基本原则

正常情况下，飞船完成任务后着陆于主着陆场。如果主着陆场的气象条件影响飞船着陆安全，则用副着陆场。在飞船发射、运行和返回的整个过程中，如果运载火箭、飞船发生故障或航天员出现伤病，飞船可能会应急返回，着陆于主、副着陆场以外的地区。为了保障飞船发射段运载火箭或飞船故障时的航天员救护，在返回着陆概率相对较大的场区事先派出现场医疗救护队，配备机载或船载急救平台（ICU），在着陆区附近设置后方支持医院；而对返回概率相对较小的应急着陆区则统一由空降兵医生负责现场急救，并临时指定急救医院作为进一步检查治疗的支持医院。

航天员医学保障包括正常返回航天员的医学监督、检查和异常返回航天员的医疗救护。这里需要说明一个概念，单就航天员而言，正常返回是指航天员完成预定飞行任务如期按正常返回程序着陆于主着陆场或副着陆场，航天员身体健康；异常返回是指飞船应急返回，飞船正常返回但航天员出现伤病的情况。对正常返回的航天员，在着陆现场一般只进行医学监督和医学检查，确认没有潜在的伤病后立即转运回北京航天员训练中心。对于异常返回的航天员，应先送往后方支持医院或急救医院，排除存在潜在伤病的可能。如果航天员已经受伤，则在着陆现场进行必要的急救，并尽快转运至后方支持医院进一步治疗，待航天员康复后再转运至北京航天员训练中心。

（4）受伤航天员如何出舱

返回舱正常着陆后，如果航天员身体状况良好，那么航天员应首先自行断开胸前的压力调节器，打开面窗，摘下手套，并断开航天服与返回舱内座椅边连接的各种管线（通风供氧、通话、生理信号），然后由舱口攀爬出舱。当然，救援人员应在出舱平台上协助航天员出舱。

当航天员由于健康问题，无力自主出舱时，由航天员训练中心的医生进入返回舱，帮助航天员完成相关操作，然后用特制的吊带挂扣在航天服外面，将航天员从舱口提拉出舱，再沿平台的滑梯送到地面。

当航天员由于着陆意外，造成较为严重的健康问题时，如航天员出现昏迷或骨骼受伤等情况，医生应下到舱内，将航天员与返回舱内座椅的赋形坐垫固定，再用出舱吊带将航天员和赋形坐垫一起提拉出舱。赋形坐垫是按照航天员着航天服的尺寸和形状量身制作的减振垫，用半硬材质制成，形状类似半个花生壳，具有较好的包裹性，利用赋形坐垫出舱可以避免航天员二次受伤。

（5）飞船返回后航天员为什么不能立即出舱

我们在看载人航天返回的电视直播时都有这样一个感觉：当搜救直升机降落在返回舱附近时，我们都迫不及待地希望看到航天员面带胜利的喜悦，神采奕奕地从返回舱内走出来，接受美丽的蒙古族少女献上洁白的哈达和漂亮的鲜花，享受人们的欢呼。事实上，航天员在失重环境中工作和生活一段时间后，会出现不同程度的液体头向转移、骨骼肌萎缩和骨钙质流失等变化。当飞船返回着陆后，航天员从微重力条件下回到地面的正常重力环境会有短时间的不适应。由于立位耐力下降，航天员往往感到全身乏力，会出现面色苍白、血压降低等现象。由于航天员存在个体差异，有的航天员会出现平衡系统功能紊乱，可能发生眩晕、恶心和呕吐等症状。通常航天员返回地面后需要一段时间重新适应重力环境。科学的出舱时间应该是在返回舱着陆后40分钟左右。航天员在返回舱内进行重力环境再适应期间，医生可以进入返回舱，对航天员进行身体检查。必要时，可以为航天员补充体液。如果航天员没有明显的不适，可由航天员自行出舱。如果航天员反应强烈，则由救援人员协助航天员出舱。

（6）为什么航天员返回后不能立即转运

航天员返回地面后，不是立即长途转运回北京航天员训练中心，而是要进入医监医保直升机进行体检、更换地面服装。另外还有一项重要内容，就是要在航天员还没有完全适应重力环境的情况下，记录航天员的生理参数，采集医学标本，为进一步研究失重状态生理特征提供依据。

（7）航天员返回地面初期应注意的事项

人是陆地生活的动物，失重状态的空间飞行对航天员生理和心理都会产生一定的影响，也会造成身体的一些变化。航天员重新回到重力环境后，失重环境造成的效应不会立即消失，有些效应甚至需要较长时间才能消失。

各国的航天员都是经过严格选拔训练，身体健康状态超乎一般人，但是由于失重状态对人体的免疫系统会有一些影响，如免疫器官萎缩、细胞数量减少等，这在一定程度上会造成航天员免疫能力下降。因此，医监医保人员一般在飞船返回前对预定着陆区的疫情进行调查，必要时着陆区防疫部门会采取措施进行防范。另外，还要对接触航天员的人员进行体检，对运送航天员的载体进行消毒等。

失重状态对航天员的另外一个重要影响是骨骼变化，其中的显著变化是航天员进入失重状态后，椎间隙明显增大，身高会比在地面时高出4～8厘米；如果长期太空飞行还会造成骨矿盐丢失、骨密度降低。因此，在航天员返回地面的初期，应避免与航天员拥抱、握手等，更不能因兴奋而向空中抛掷航天员。

11. 上升段陆上应急搜救

根据对美国和苏联/俄罗斯载人航天过程各阶段的故障统计，得出如下结果：载人航天地面试验和训练阶段故障比例为13.7%，发射段故障比例为36.8%，轨道飞行段故障比例为36.2%，返回着陆段故障比例为12.9%。统计数据显示，载人航天发射段虽然时间最短，但故障概率最高。

我国载人飞船发射段陆上航迹长达1800余千米，途经内蒙古、甘肃、宁夏、陕西、山西、河北、山东和江苏等8个省、自治区。根据航区的地形地貌、机场分布和直升机有效航程，将发射段陆上航区分为三个搜救责任区。这三个区长度自西向东分别为500千米、630千米和730千米。为了综合利用主、副着陆场的搜救资源，发挥主、副着陆场搜救力量配置较全的优势，上升段陆上前两个区的应急搜救分别由主、副着陆场的搜救力量负责，在第三个区内设置一个搜救点，配置3架直升机，负责该区的应急搜救。

当飞船在发射段发生故障、返回舱应急返回陆上时，处于待命状态的搜索飞机和空降小组根据命令协助执行搜索返回舱、救援航天员的任务。

知识链接

飞船发射段故障后成功救援航天员的实例

1975年4月5日，苏联发射联盟18—A飞船，准备与礼炮4号空间站对接。火箭第3级点火不久，正值火箭上升到144千米的高空时，因制导系统发生故障，飞船在空中翻滚，并偏离预定轨道。地面控制中心不得不发出应急救生指令，使火箭紧急关机，返回舱与飞船分离，航天员按应急方案返回，在西伯利亚西部山区（距发射场1 600千米）安全着陆。飞行只进行了22分钟。这是载人航天以来，第一次因火箭飞行不正常而采取应急救生措施的成功案例。

1983年9月27日，联盟T—10A飞船在起飞前90秒，运载火箭第一级的一个阀门未能关闭，发生燃料泄漏并在火箭底部起火，十几秒钟后运载火箭在发射台上发生爆炸。在临爆炸前，地面控制人员启动了逃逸救生系统，及时将飞船与运载火箭分离，飞船逃离运载火箭爆炸的危险区，然后借助降落伞降落在安全区域，3名航天员死里逃生。

12. 上升段海上应急搜救

(1) 上升段海上救生的配置

苏联/俄罗斯由于国土面积较大，飞船的上升段陆上航区达4 000余千米，而海上航区仅约3 500千米。为保障飞船应急溅落在海上时的航天员安全，苏联/俄罗斯在海上航区内配置了7艘搜救船、110架固定翼飞机、179架直升机，参加救援的人员约4 500余人。

美国在发射水星号飞船时，规模较大的一次海上救生力量配置分别为：在大西洋、印度洋和太平洋上布设了16个应急搜救区，共配置了24艘搜救船（包括3艘航空母舰）、126架飞机，参加救援的人员约26 000余人，这些搜救力量还兼顾上升段海上应急搜救任务。

那么我国上升段海上搜索救援的配置都有哪些呢？

我国载人飞船海上实际溅落区只有2 000千米左右，为保障飞船应急溅落在海上时的航天员救援，在设计的飞船应急溅落海域内，布设了3艘救捞船、1架搜索飞机和3架搜索救援直升机，负责应急返回的返回舱搜索、打捞和航天员救援的待命任务。在救捞船上配备有搜索设备、返回舱水中扶正装置、低海况打捞救援设备、高海况打捞救援设备、返回舱处置工具等。另外还配置有医监医保、医疗救护设备和医监医保、医疗救护人员。

搜救船是在我国现有专业海上救助船舶的基础上加装搜索救援专用设备，并经适应性改造而成的。搜索飞机和搜索救援直升机则直接利用我国现有的海上搜索飞机和直升机。

低海况打捞救援设备包括返回舱座架、操作平台和返回舱水中扶正装置等。返回舱水中扶正装置是低海况状态下扶正返回舱，辅助救援人员登上返回舱，安装吊挂具的装置。

高海况打捞救援设备包括集中控制室、拦截臂、打捞网、龙门起重机、返回舱座架及操作平台等设备。

知识链接

海况的分级

返回舱的回收分为低海况条件下返回舱的回收和高海况条件下返回舱的回收。那么，什么是低海况，什么又是高海况呢？海上航行的人们根据海上风、浪等气象因素，将海上气象状况定义为9个浪级和12个风力等级，国际上定义的海况等级和浪级相同。根据海上航行规范，上升段海上应急救生分系统将3级以下（含3级）的海况定义为低海况状态，将4～6级（含4级、6级）的海况定义为高海况状态。低海况状态具体定义为：浪级0～3级，波高0～1.25米；风力0～4级，风速0～7.9米／秒。高海况状态具体定义为：浪级4～6级，波高1.25～6米；风力5～8级，风速8～19米／秒。根据海况条件的不同，采取的返回舱的回收方式也有差异。

我国上升段海上搜索救援力量的配置，充分考虑了我国海上救援能力，符合我国实际情况。虽然在规模上远远小于苏联／俄罗斯和美国，但由于配置了高性能搜索定向设备和操作灵活的打捞设备，综合搜索救援能力毫不逊色。

（2）上升段海上应急救生的准备

上升段海上应急救生的准备工作包括技术文件的准备，搜索救援设备的配套、安装和调试，搜索救援人员的培训、训练，搜索、通信设备的标校和对接等。

技术文件的准备包括搜索救援方案、搜索救援大纲的拟制，任务实施细则的拟制等。

搜索救援设备的配套和安装、调试包括搜索设备、低海况打捞设备、高海况打捞设备、通信设备、医监医保和医疗救护设备的配套、安装和调试等。

搜索救援人员的培训、训练包括搜索设备使用培训，潜水员培训，低海况打捞设备操作培训，高海况打捞设备操作培训，医监医保、医疗救护人员培训等。

搜索、通信设备的标校和对接包括搜索设备的标校、对接，通信设备的对接等。

（3）返回舱的搜索和回收

海上返回舱的搜索采用卫星、飞机和搜救船搜索相结合的方式。飞船发射前，各搜救船在指定海域待命。当返回舱应急溅落在海上应急溅落区时，北京航天搜救指挥部根据北京航天飞行控制中心计算的返回舱的落点预报及中国搜救卫星控制中心提供的搜救卫星确定的返回舱位置信息，命令落点附近的搜救船迅速赶往返回舱溅落区搜索。返回舱溅落在近岸时，北京航天搜救指挥部命令搜索飞机根据返回舱落点预报，利用机载搜索设备在预报落区附近上空搜索返回舱。确认发现目标后，将返回舱位置报告北京航天搜救指挥部，并通报海上搜救船。

（4）低海况条件下返回舱的回收

根据海上航行规范，在低海况状态下，采用搜救船释放救援艇下水实施救援。

由潜水员将水中扶正装置（图5–20）固定在返回舱上，然后安装吊挂具（图5–21），再将返回舱拖至搜救船并起吊至搜救船甲板上固定，然后开舱救援航天员。

图5–20 水中扶正装置

图5–21 水中扶正装置固定及吊挂具安装

（5）高海况条件下返回舱的回收

根据海上航行规范，在高海况状态下，不允许搜救船释放救援艇下水实施救援，所以打捞返回舱、救援航天员的方法比低海况状态下要复杂很多。为在恶劣的海况状态下快速、安全地打捞返回舱，救援航天员，我国自行设计和研制了一套自动化程度高，可靠性、安全性强的专用打捞设备，针对返回舱表面光滑，无法勾挂、系留等问题，借鉴渔业捕捞、水上污油回收等技术，对返回舱实施整舱打捞的方式，重点解决了高海况下返回舱捕获、打捞过程中返回舱防碰撞、安全起吊和返回舱在搜救船上自动扶正等问题。

高海况打捞设备包括：拦截臂、打捞网、龙门起重机、返回舱座架、操作平台及控制系统等（图5-22、图5-23、图5-24）。

图5-22 高海况打捞设备

图5-23 打捞网示意图

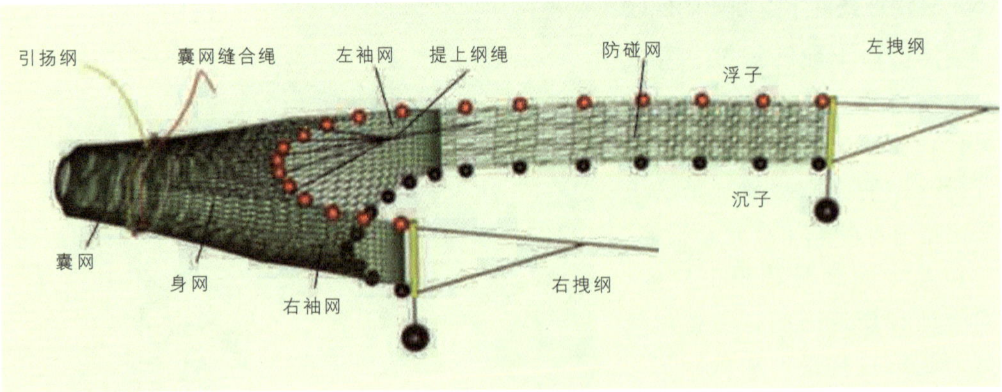

图 5–24 控制系统操作台

13. 运行段应急返回搜救

(1) 飞船在轨应急返回模式

飞船在轨运行期间，由于故障需要应急返回时，如何返回地面呢？这就要看发生故障时地面测控站的测量控制与跟踪情况了。如果飞船在地面测控站的控制范围内，测控站可以向飞船注入返回参数和控制指令，控制飞船落入预先设计的应急着陆区。如果飞船发生故障时，不在地面测控站的控制范围内，无法得到地面测控站的支持，只能由航天员根据飞船上面的仪表显示自主决定并通过人工操纵的方式实施应急返回。

根据故障等级及其对航天员的危害程度，飞船在轨道运行段的应急返回模式有 3 种。

1）等待返回。飞船在运行段出现故障后，在可能的情况下，依靠其自身能力，适当等待一段时间，使飞船在国内的应急着陆区着陆。这种情况下，等待时间最长不会超过18小时。

2）稍候返回。飞船在运行段出现故障后，如果不能等待很长时间，只能尽量依靠其自身能力，稍候一段时间，使飞船能在发生故障后连续的2圈内选择应急着陆条件较好的一个着陆区着陆。这种情况下，等待时间最长不会超过6小时。

3）立即返回。飞船在运行段出现故障，情况紧急，必须尽快返回时，可在其后的第一个来得及着陆的应急着陆区着陆。这种情况下，等待时间最长不会超过2小时14分钟。

比较而言，等待返回等候的时间一般要长一些，能够保证飞船在国内着陆，着陆条件相对较好；与等待返回相比，稍候返回等候的时间一般要短些，着陆条件有可能要差一些，且也不能保证在国内着陆；立即返回等候的时间最短，着陆条件也可能最差。

（2）运行段应急返回国内的航天员搜救

运行段国内应急着陆区包括主、副着陆场及其扩大区、华北和东南地区、四川地区，涉及地域范围广、跨度大。要在上述区域内分别部署搜救力量，以我国现有的搜救能力，既无可能也无必要。利用空运机动搜救队，依托着陆区当地军区和地方政府组织实施救援。

（3）运行段应急返回搜救力量

空运机动搜救队由运八－C飞机（图5－25）、2个空降小组（图5－26）和部分现场处置人员组成。并确保在每架飞机上都有空降小组和现场处置人员，能够分别独立完成搜索救援任务。

为确保航天员的生命安全，根据应急着陆区和瞄准着陆点分布情况、医疗卫勤资源现状和有关技术要求，在每个应急着陆区事先确定了若干个航天员急救医院，以便应急时对航天员实施及时有效的救治。

图 5–25 运八 –C 飞机

图 5–26 搜救训练中的空降小组

(4) 运行段应急返回搜救的组织

空运机动搜救队接受北京航天搜救指挥部指挥。着陆现场的指挥由应急着陆区指挥所负责，具体组织指挥航天员救援、返回舱回收等工作。

(5) 国内应急搜救

当飞船出现应急情况需要应急返回时，北京航天搜救指挥部向空运机动搜救队发出落点预报，同时通知当地有关部门作好相应准备。

确定飞船应急返回时，北京航天搜救指挥部根据返回舱落点预报，命令空运机动搜救队前往搜索返回舱。

空运机动搜救队确认发现返回舱后空投空降小组，对航天员实施救援。在当地有关部门和地方政府协助下，迅速转运航天员至附近医院。

现场处置分队到达着陆区附近机场后，迅速赶往着陆现场，进行现场处置。在当地有关部门和地方政府协助下，回收返回舱。

航天员基本康复后，转运北京。

(6) 国外应急搜救

在国外应急搜救方面，美、俄进行了良好的合作。以联盟号飞船为例，其中的一个应急着陆场就设在美国。虽然联盟号飞船紧急着陆到美国的可能性较低，但美、俄还是提前在组织管理方面作好了充分准备，并事先签署了相关协议。莫斯科任务控制中心的飞行主管和休斯敦飞行中心的飞行主管是联盟号飞船应急着陆的参与者。在紧急着陆的决策作出后，按照程序，莫斯科任务控制中心的飞行主管与休斯敦飞行中心的飞行主管共同协调工作。

飞船发射前，莫斯科和休斯敦的飞行主管们相互通报各自的救援支援组织。

飞船发射时，美国和俄罗斯的支援组织也处于待命状态，并向莫斯科任务控制中心和休斯敦飞行中心提供信息。所有关于支援组织操作的信息都在莫斯科任务控制中心和休斯敦飞行中心之间共享。

飞船着陆到美国国土时，美国空军或者其他救援组织将会首批到达飞船的着陆地点，并将航天员送至最近的医院。由当地的法律执行机构负责维持着陆场的保护工作。联盟号飞船的现场处置需要等到俄方回收小组到达后才能进行。

俄方回收小组将在飞船着陆后的两天内到达距离着陆点最近的机场，这两天时间俄方回收小组需要进行救援的准备工作，包括飞机过境和人员过关的外交协调、组成紧急小组、准备相关的地面设备等。俄罗斯和美国的工程人员共同对联盟号飞船进行联合处理之后，将飞船运送回俄罗斯。

值得提到的是，肯尼迪航天中心（KSC）正在努力试图获得对紧急着陆于美国的联盟号飞船上的船载物体的所有权，其认为在解决紧急情况下，美方应该拥有某种特殊的“恰当”授权。

我国的境外航天员搜救基本沿用上述模式，但是又不尽相同。一是事先通告相关国家，当飞船出现应急情况确需着陆国外领土时，照会当事国并与该国协商航天员救援及善后事宜；二是采用“两条腿走路”的方式，除了外交途径外，同时借助国际搜救组织的力量实施航天员救援。

返回舱应急着陆于国外时，两条渠道同时开展工作，主要依靠当地搜救力量实施第一时间搜救工作。

1）我驻当地使馆通过外交渠道，要求所在国政府迅速采取措施开展搜救，我使馆具体组织协调并派人参加。

2）通过交通运输部搜救卫星任务控制中心（CNMCC），协调国际搜救卫星组织（COSPAS/SARSAT）设在着陆区所在国的任务控制中心，请求其组织力量开展搜救。

确认返回舱应急着陆于国外后，国内即派出境外应急搜救及后续处理工作组，尽快赶赴着陆国开展后续救援及相关处理工作。

知识链接

我国应急处置体系职能

领导机构。负责领导突发事件应急管理工作，研究制定突发事件应急处置重大决策和指导意见，分析总结突发事件应急处置工作情况，领导指挥处置突发事件。

办事机构。履行应急工作的信息汇总与综合协调职责，协调相关部门落实领导机构的工作决策，组织建设应急体系与应急平台，根据应急预案组织制定处置程序，协助各部门开展预防预警信息发布，组织应急演练，实施应急处置，提供应急保障，开展宣传培训工作，组织对突发事件及其处置的调查评估工作。

工作机构。按照职责分工具体负责突发事件的应急工作。依据有关法律、法规、规章和规范性文件，组织制定、完善、实施突发事件应急预案。贯彻落实领导机构的决定，督促、指导相关单位做好突发事件预防预警、应急准备、应急处置和恢复重建工作。

指挥机构。负责组织同级行政主管部门、下级行政主管部门和派出机构的相关部门、单位，开展突发事件应急处置工作。协调社会资源参与突发事件应急处置工作。

知识链接

国际空间法《外空条约》和《营救协定》的基本内容

1966年12月19日，联合国大会通过《关于各国探索和利用外层空间包括月球与其他天体活动所应遵守原则的条约》（又称《外空条约》），该条约于1967年10月10日生效。

《外空条约》对外层空间利用、遇险航天员救援、损害赔偿等作出原则性规定。

对于外层空间利用，《外空条约》规定：外层空间，包括月球与其他天体在内，应由各国自由探索和利用，天体的所有地区均可自由进入，不得由国家以任何方式据为己有。

对于航天员救援，《外空条约》规定：航天员如遇危险在别国领土或公海上紧急降落时，各国应给予一切可能的协助。航天员降落后，应将他们安全和迅速地送回航天器的登记国。

对于损害赔偿，《外空条约》规定：凡发射或促使发射物体进入外层空间，对于这种物体或其组成部分使他国遭受损害时，应负国际责任。

1967年12月19日，联合国大会通过《营救航天员、送回航天员和归还发射到外层空间的物体的协定》（又称《营救协定》），该协定于1968年12月3日生效。

在《营救协定》中，对于航天员的营救与送回，以及发射物体的归还等作出了比较详细的约定。

对于营救航天员，《营救协定》规定：

1）各缔约国获悉或发现航天器和航天员发生意外，处于灾难状态，进行紧急或非预定的降落时，要立即通知发射当局，不能判明发射当局或不能立即通知时，要利用一切适用的通信手段公开通报此情况；同时通知联合国秘书长，秘书长立即动用一切适用的通信手段传播此消息。

2）航天员降落在缔约国区域内时，该国应立即采取一切可能的措施营救航天员并给他们一切必要的帮助，并把它所采取的措施和所取得的结果，通知发射当局和联合国秘书长。如果发射当局参加营救工作，应在缔约国的领导和监督下进行。

3）获悉航天员在公海或不属任何国家管辖的其他地方降落，必要时凡力所能及的缔约国均应协助寻找和营救这些人员。缔约国应将其所采取的措施和结果通知发射当局和联合国秘书长。

对于送回航天员，《营救协定》规定：

航天员在缔约国辖区内或公海等其他地方着陆，其安全应予以保证并立即交还发射当局的代表。

对于归还发射到外层空间的物体，《营救协定》规定：

1）缔约国获悉或发现空间物体或其组成部分返回地球时，应通知发射当局和联合国秘书长；在其辖区内发现空间物体或其组成部分时，应根据发射当局的要求，采取切实可行的措施进行保护。

2）在发射当局辖区外发现空间物体或其组成部分时，在发射当局的要求下应归还发射当局代表或交由其代表支配。如经请求，该代表应在归还前提出证明材料。

3）如缔约国有理由认为空间物体或其组成部分危险和有害时，可通知发射当局在缔约国领导和监督下，立即采取有效措施消除可能造成的危害。

4）履行保护和归还空间物体或其组成部分义务所花费的费用，由发射当局支付。

知识链接

美、苏/俄载人航天回收救援工作的协作

1968年4月22日，美国、苏联及其他一些国家签署了一项“航天员搜救，航天员及发射到外层空间的飞船返回的协议”。协议中的附件如下：

附件A：联盟号飞船紧急着陆在美国（北美）的着陆草案1.0版本（英文版），里面涉及联盟号飞船在北美紧急着陆过程中的一系列呼叫格式的制定。

附件B：联盟号飞船逃逸舱响应指令，里面涉及与NASA和国防部官员联系的信息数据，内容包括对第一个到达着陆地点的搜救人员开展工作的规程，对舱口进行的一系列敲击信号及询问航天员等问题的说明。附件B还对联盟号飞船返回舱进行危险性说明，包括如何避开联盟号飞船周围各种化学、放射性及物理危险的详细说明，以及如何到达指令舱的入口等。

附件C：在应急着陆场，联盟－TM（联盟－TMA）航天员的出舱及医疗救护。包括对航天操作不太熟悉的医疗救护人员救护航天员的工作规程，例如密切注意和收集每位航天员的数据等。

附件D：2000年起草的NASA肯尼迪航天中心联盟号飞船回收操作计划（只限在美国大陆）。依据1.2条款的说明“本文件为NASA－KSC及相关的合同单位共同履行联盟号飞船回收组（SRT）操作提供指导方针。内容包括联盟号飞船顺利回到俄罗斯所需承担的责任、操作情况、保障的设备和服务等，也包括确定出此时飞船的位置。”该文件具体描述了在联盟号飞船从最初应答到飞船着陆及此后的回收操作等全过程中人们该如何操作等一系列问题。

附件E：提供了联盟号飞船在北美地区紧急着陆搜救过程中，MCC－H（休斯敦飞行中心）和MCC－M（莫斯科任务控制中心）承担的任务和责任等基本指导方针。

附件F：提供了俄联邦搜救部门在美国地域完成搜救任务后与合作伙伴的相互关系等一系列指导方针，并纲领性地描述了在联盟号飞船紧急着陆期间和救援后，对于俄罗斯搜救人员，MCC－H和MCC－M应如何分担责任。

附件G：北美着陆场讨论结果。该文件讨论了联盟号飞船在美国大陆选择应急着陆场时应如何避开某些地点的一些因素。

2000年12月5日召开的NASA/得克萨斯州休斯敦联盟号飞船应急着陆技术交互会议最后议定书中，详细记述了来自NASA，RSA，美国空军及NASA支持承包商的代表们对联盟号飞船在北美地区应急着陆过程中的操作规程等一系列问题讨论的结果。

美、俄两国支援组织的职能分别列于表1和表2中。

表1　俄罗斯支援组织的职能

名　称	职　能
联合搜救组织	最初的工作是动员飞机和其他所需的单位，前往美国着陆点，向莫斯科任务控制中心报告信息
飞行医疗组织	飞行医疗负责为联盟号乘员提供及时的医疗支持，给休斯敦中心报告信息
弹道组织	弹道组织和TOPO共同判定联盟号的着陆时间和地点(经纬度)，向莫斯科任务控制中心报告信息
RSC－E管理组织	帮助建立俄罗斯反应小组的协调工作

表2　美国支援组织的职能

名　称	职　能
AFRCC	AFRCC提供搜索和营救联盟号乘员的工作（定位、撤离和运送至医院），还包括建立警戒，保证飞行器安全
DDMS	操作中心的人力支持，联络国防部和NASA的支持，给LSO报告信息
飞行医学保障组织	负责给“联盟”号乘员提供及时的医疗保障服务
TOPO	确定着陆位置，并给休斯敦中心和AFRCC报告相关信息，协调给USSPACECOM提供信息，支援LSO给所有相关组织的通报工作，给休斯敦中心报告信息
LSO	为MCC－H提供外部的协调，给休斯敦中心报告信息
NASA HQ	在降落前安排俄罗斯反应小组的翻译人员，和MCC－M和HSFPR共同工作，交换关于签证的信息和接待俄罗斯反应小组，给休斯敦中心报告信息
KSC	担任在降落之前的警戒和安全保障，以及地面运输与在俄罗斯反应小组到来前的后勤支持工作。
HSFPR	与MCC－M和NASA总部协同工作，交换关于签证的信息和接待俄罗斯反应小组

第六章

航天飞行控制中心

无论飞船处于太空运行过程中，还是在返回着陆过程中，都要靠航天飞行控制中心对飞船进行监视和控制。那么，航天飞行控制中心是如何管理和控制飞船的呢？

1. 航天飞行控制中心的作用

航天飞行控制中心简称飞控中心，其核心任务是对飞船飞行情况进行分析、判断和决策。在飞控中心，除指挥人员和操作人员外，还有各个系统的专家为整个飞行任务提供决策支持，为应急情况提供处置建议。飞控中心的专家主要有飞行控制专家、航天医学专家、有效载荷专家、气象分析专家和专业技术支持专家等。飞控中心的具体职能如下。

1）指挥调度。载人航天任务涉及单位多，包括几百个技术专业。在航天飞行任务过程中，这些单位、专业队伍和设备要在统一指挥下协同作业，严密配合，步调一致地完成预定工作。这就需要在飞控中心设置载人航天任务指挥所，通过指挥调度系统进行指挥控制，包括下达指挥命令、布置任务实施计划等。

2）飞行控制。在执行载人航天飞行任务时，飞控中心的重要任务之一是对飞船进行飞行控制，即生成航天器轨道和姿态机动以及改变飞行程序或工作状态的参数和控制命令，产生相应的遥控指令和上行注入数据，通过遥控系统发往飞船，保障对飞船实施快速、有效的控制；在出现故障的情况下，能及时、准确地作出反应。

3）数据处理与显示。将测控站所得的距离、距离变化率、角度等测量数据计算成弹道或轨道参数，并外推轨道进行预报。将接收的遥测数据流分离，换算成常用物理量。根据需要挑出部分重要参数，实时处理成函数关系曲线（如高度－时间、速度－时间、航天员生理参数等）。所有涉及火箭、飞船和航天员工作状态及安全的重要数据都要加工成图表形式，显示在相关大屏幕或工作岗位的显示器上。实时或准实时控制（轨道、姿态、动作等）参数也在此计算，然后变换成相应指令或上行数据流。

4）监视与决策。数据实时处理与显示的信息，由相应专家进行分析，对任务进展作出正确判断，及时下达命令和发出相应指令。一旦出现异常，召集有关专家进行故障分析、定位，及时采取相应对策。确实无法排除故障而必须采取应急措施中止飞行时，让飞船作出提前返回的决策。

5）信息交换。飞控中心是所有测控信息的汇集点。在载人航天飞行任务过程中，飞控中心要将引导数据和飞船控制信息按时发往各测控站（船），并实时接收各测控站（船）测控设备传送来的测量信息并向相关方向转发，将收到的原始信息进行处理后及时地向相关系统发送。

载人航天飞行任务总指挥部组成人员在执行载人航天任务时，通过飞控中心对飞行任务实施组织和领导。

2. 航天飞行控制中心的组成和功能

飞控中心的千余台（套）科研试验设备构成一个以高速数据处理网络为核心的硬件环境，分为10个功能子系统：实时处理、长期管理、网络交换、前端通信、指挥显示、轨道计算、信息存储、辅助支持、任务仿真和软件开发与配置管理子系统，如图6－1所示。

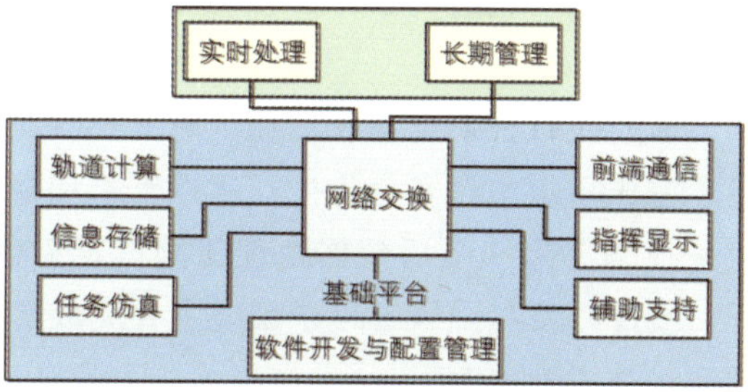

图6－1 飞控中心的功能子系统

各子系统的具体功能如下：

网络交换子系统主要完成中心内外网络之间的信息交换、中心内部子系统之间的信息交换以及网络节点状态信息监视等功能。

前端通信子系统主要完成测控系统简化HDLC协议接口信息汇集与分发、对外网络IP协议接口信息汇集与分发、国际互联网IP协议接口信息汇集与分发，以及与中心内部网络进行TCP/IP协议信息交换与监视等功能。

实时处理子系统主要完成接收网上的遥测数据、实时处理遥测数据、生成计划、计算遥控信息、输出应急救生和各种结果信息等功能。

长期管理子系统主要完成留轨舱或后续任务中目标航天器的长期管理，实时接收网上测控信息，实时处理遥测数据，生成测控计划，计算遥控信息和输出各种信息等功能。

轨道计算子系统主要完成接收网上的测轨数据，加以实时处理（初始轨道计算、精确轨道确定），生成注入数据，预报返回落点和输出各种信息等功能。

信息存储子系统主要完成各种信息的存储和数据库的管理功能。

指挥显示子系统主要完成指挥控制所需信息的加工、显示、图形图像处理和测控站远程信息的监控等功能。

任务仿真子系统主要完成测控信息、航天器遥测信息、火箭遥测信息、轨道信息、姿态动力学和航天器控制过程的仿真等功能。

辅助支持子系统完成系统时间统一、时统中断信号传输功能，完成系统信息安全防护、病毒查杀和身份认证功能，完成业务技术保障、事后数据处理和测试发射信息处理功能。

软件开发与配置管理子系统主要完成各种软件的开发、测试和配置管理功能。

3. 北京航天飞行控制中心

我国载人航天飞行任务的飞行控制中心设在北京，称为北京航天飞行控制中心，简称“北京飞控中心”（图6-2）。这是一个具有透明控制能力、可视化测控支持能力、高精度实时定轨能力、高速数据处理能力、自动化计划生成能力和清晰图像传输能力的现代化飞行控制中心。

（1）北京飞控中心的作用

对载人航天飞行任务来说，在飞控中心的指挥和控制两大职能中，控制能力是最根本的，如果没有控制能力，就谈不上

图 6－2 北京航天飞行控制中心外景

知识链接

国外飞控中心的选址

载人航天飞行控制离不开航天器研制部门和航天员训练中心的支持，国际航天大国在飞控中心选址时都会考虑将这些协作密切的部门建在一起。

苏联在实施联盟号任务时，将科罗廖夫飞控中心、航天员选训中心和航天器制造的多个部门都集中在莫斯科或莫斯科近郊。

1961 年苏联航天员加加林的飞行，促使美国航空航天局在休斯敦成立了载人飞船中心，该中心于 1973 年改名为约翰逊航天中心，由研究中心、飞控中心、宇航培训中心、大型展览馆四个部分组成，其中，飞控中心称为休斯敦飞控中心。

科罗廖夫飞控中心外景

位于休斯敦的约翰逊航天中心外景

有效的指挥，而飞船飞行的控制决策要由各方面专家共同完成，必须建在一个数据、信息和科技人员相对集中的地方。

从火箭托举神舟飞船升空，直到航天员安全返回地面的整个过程，地面向飞船发出的每一条指令，注入的每一组数据，关键时刻的每一项操作，都是由北京飞控中心全程指挥、精确控制的。遍布国内外的多个地面测控站，分布在全球的 5 艘测量船的所有数据，都在这里汇聚；所有的信息，都从这里传出；一旦出现意外，应急控制决策也将在这里产生。

（2）北京飞控中心的布局

北京飞控中心主要由飞控大厅、专业工作室、计算机和通信设备机房以及保障设施组成。

1）飞控大厅内布设多套指挥员和飞行控制专家使用的监视显示工作台和投影大屏幕等公用显示设备。图 6－3 为飞控大厅全景。飞控大厅正前方是一个宽 12 米、高 4 米的大屏幕，屏幕一分为四，左右相连。大屏幕上方是标示着北京时间、联调

图 6－3 北京飞控中心飞控大厅全景

时间、飞行时间的LED显示屏，它们与上百台显示工作站和显示工作台构成大规模的双网结构的网络系统，不间断地显示各种飞行控制数据。屏幕显示的画面及信息可随任务的不同阶段而动态改变，可以整屏显示大型画面，也可分屏显示多个画面。如图6－3所示，最左端一幅画面显示的是航天员在飞船内活动的场景；中间的两幅合二为一，显示的是全球陆地和海洋背景地图，将飞船运行轨迹清晰地标示在其上；最右边的一幅既可以显示火箭发射时的真实画面，还可以用三维动画显示飞船的飞行画面。

2）飞控中心的计算机主机房、通信机房和数据传输机房位于飞控中心的下一层。通信机房和数据传输机房等与不远处办公大楼内的光纤网和分组交换设备连成一体，与设在北京郊外的卫星地面通信站共同构成通信枢纽。通过这一枢纽，中心可与航天员实现天地通话。同时，这一枢纽还将各地面测控站及大洋上的测量船连成一个综合网络。图6－4为北京飞控中心计算机系统主控制台。

3）专业工作室是为便于各系统专家工作，而在飞控大厅周围专门设置的，例如搜救指挥室、航天员室等。各专业工作室可与飞控大厅共享信息资源。

图6－4 北京飞控中心计算机系统主控制台

（3）北京飞控中心的公用显示设备

现代化的飞控中心一般使用多块大屏幕及LED显示屏来显示多种直观而形象的电视画面、曲线和数据等信息，屏幕布局如图6－5所示。

图6－5 大屏幕与LED显示屏布局

LED显示屏			
大屏幕1	大屏幕2	大屏幕3	大屏幕4

4. 载人航天飞行任务的备份中心

北京飞控中心本身备有充足的冗余，具有很强的应急能力，一般性的故障不会影响其工作。然而，为了确保载人航天飞行万无一失，使系统具备容灾能力，将西安卫星测控中心（图6－6）设为北京飞控中心的备份中心。

西安卫星测控中心主要承担各类卫星长期在轨运行的测控和回收任务。西安卫星测控中心目前可为不同轨道、频段的国内外航天器提供测控支持。

在载人航天飞行任务过程中，西安卫星测控中心能够利用测控站（船）的测轨数据，完成轨道确定、姿态确定、运行轨道控制计算、正常和应急返回控制计算以及自主应急返回控制

图6－6 西安卫星测控中心外景

计算等任务。一旦北京飞控中心无法正常工作，西安卫星测控中心立即接替北京飞控中心进行飞行控制。

另一方面，在载人航天飞行任务过程中，西安卫星测控中心和北京飞控中心会将实时计算的数据处理结果相互发送进行比对验证，结果一致时才转入下一步执行，以防计算过程中产生错误。

5. 测控仿真系统

在航天飞控中心设有多种实物或数字仿真系统，用于有关人员的任务操作训练，帮助飞控人员发现、分析故障，并从中找到解决问题的策略与方法。

（1）仿真技术

仿真即用简化的实物或数学模型来模拟实际的工作过程，可分为三类：第一类是实物仿真，又称为物理仿真，即在物理模型基础上进行的仿真；第二类是半实物仿真，即仿真中部分为实物，部分为建立的数学模型；第三类是数字仿真，即根据实物特性建立数学模型进行仿真。

实物仿真是航天领域最早采用的仿真方法。在航天技术发展的今天，实物仿真仍然是航天领域广泛采用的一种重要方法。实物仿真的显著优点是可以从宏观上全局地把握飞行器的性能及运动情况，但其成本高、工艺要求复杂，特别是实物仿真的不可重复性、高风险性、高耗费，制约了它的适用范围。

半实物仿真（图6−7）也是航天领域经常使用的仿真方法。半实物仿真与数字仿真相比，在仿真过程中更接近真实环境；半实物仿真由于将实物加入到仿真的环路中，能够得到极为可靠的结果，数字仿真的模型经常要依靠半实物仿真的结果加以检验。由于半实物仿真灵活、经济、可靠等优点，在测控系统

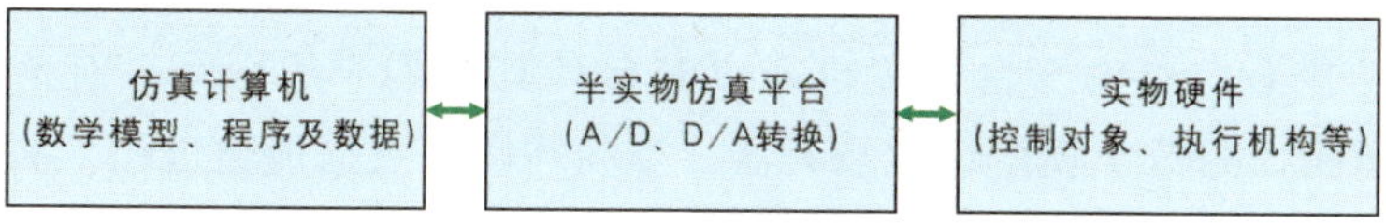

图6−7 半实物仿真结构图

建立仿真系统时，常与其他仿真方法互相补充、综合使用。

数字仿真也即计算机仿真，是指以计算机为主要工具，运行真实系统或预研系统的仿真模型，通过对计算机输出信息的分析与研究，实现对实际系统运行状态、性能和演化规律的综合评估与预测。它是分析评价现有系统运行状态或设计、优化未来系统性能与功能的一种技术手段，在航空航天、工程设计、交通运输、通信网络和计算机集成等领域中有着广泛的应用。

这三种仿真方法各有优点和缺点，实际工作中，可以根据仿真对象的特点、所需逼真程度和投资的强度来选择仿真方法。

（2）飞控中心的仿真系统

在测控系统中，为建立仿真环境，模拟航天任务工作过程，通常采用多种仿真技术的集成。测控仿真系统是确保载人航天测控任务成功的重要技术手段之一，可以建立与测控任务实战状态一致的外部环境（包括航天器、测控网、天地通信链路、其他任务测控中心等的测控数据及仿真），能够检验、测试整个测控系统的正确性及可靠性。飞控中心仿真系统主要完成如下任务：

1）对参加人员进行操作训练，包括局部演练和综合演练。

2）对实际任务软件进行调试演练。

3）对地面发往航天器的关键控制指令进行验证，保证关键控制指令的正确性。

4）在执行任务前对飞行计划进行演练和检查，确保计划的可行性。

5）对预想的各种飞行异常情况进行仿真，协助指挥员分析故障情况，提供恰当的对策。

6）对控制方法和控制结果进行评价。

测控仿真系统包括仿真计算机、仿真控制器、转换设备、传输设备、接口设备和显示设备等。仿真计算机是数字仿真的核心，可由一台计算机或由多台计算机构成的网络系统来承担，用数学模型模拟航天器、空间环境、数据传输过程、测控网工作情况及航天器飞行轨迹。系统仿真软件主要包括如下部分：

1）航天器仿真软件。它主要仿真与航天器测控有关的部分，如遥测参数生成、收集及传输过程仿真，遥控指令接收及执行过程的仿真。遥测参数仿真主要产生模拟的航天器姿态参数、过载参数、压力及温度参数、遥测轨道参数、燃烧流速流量和执行时间参数，以及反映飞行动力系统控制参数、试验设备工作状态参数等。遥测参数仿真既要对正常飞行的遥测参数进行仿真，还要对飞行异常时的遥测参数进行仿真。遥控指令接收及执行过程的仿真应对地面测控系统发送的各种控制指令、注入数据的接收及执行过程（含给地面测控系统的回令）进行仿真，如轨道控制、升力控制和姿态控制等指令。

2）空间环境仿真软件。它仿真航天器在飞行中所观测到的日、月、星（主要的）、地球或其他飞行物体的图像。首先要进行星历表计算或利用现有的星历表（日、月、星、地球），生成各星在空间的动态图像，包括空间视野的动态图像和航天器舷窗视野的动态图像。

3）航天器飞行轨道仿真软件。它根据所提供的跟踪测量信息、动力学模型（有动力飞行和无动力飞行）和初始条件，计算航天器飞行的轨道。

4）测控网仿真软件。它包括测控站测量信息（主要为外测信息）的仿真、各测控站与飞控中心之间的信息传输仿真、测控站与航天器之间的信息传输仿真。外测信息的仿真是根据测控站布局、设备位置、测量原理、设备性能及航天器的飞行轨迹生成各测量设备的测量信息，其中包括测量设备正常工作及故障情况下的测量信息，正常飞行轨道及异常飞行轨道的测量信息。测控站与飞控中心之间的信息传输仿真包括有线和无线传输仿真，模拟从测量设备产生的信息经传输路径到飞控中心接收的整个过程。

此外，还需要有仿真操作软件作为仿真系统的平台，为各个仿真软件提供系统管理、仿真时间机制、数据共享、对外数据传输等功能。在仿真平台的支持下，测控网以及航天器仿真单元按照物理对象的模型，模拟生成遥测、外测等全部数据，再通过平台软件传递给实战系统，同时对来自实战系统的遥控指令和注入数据等进行响应。测控系统仿真的基本过程如图6－8所示。

图6－8 测控系统仿真基本过程

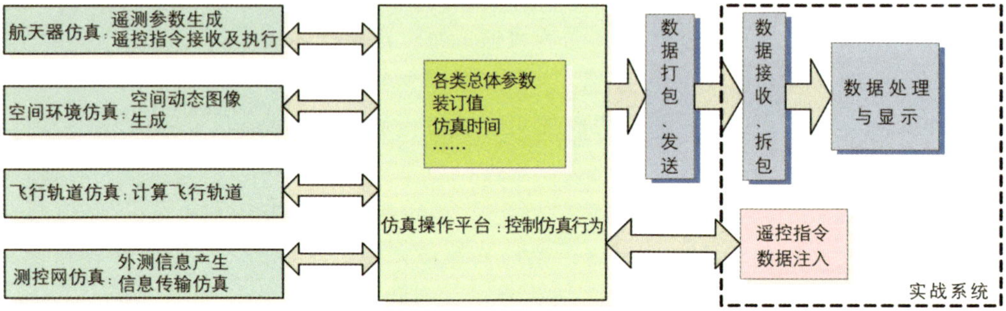

6．北京飞控中心的计算机网络

（1）网络结构

北京飞控中心早期的网络结构是以FDDI网络交换机（主用）和以太网交换机（备份）构成的双网结构，另外还有两个外设网和一个仿真网络。由于当时FDDI网在市场上比较流行，且适合实时性强的航天测控应用领域，FDDI网作为北京飞控中心的主要信息交换手段，出色地为载人航天任务服务了十多年。随着网络技术的发展和市场变化，FDDI网逐渐被快速以太网、千兆以太网和万兆以太网等所取代。以太网络性能不断提高，逐渐弥补了其不适用于实时数据交换的缺点，逐步主宰了局域网络世界。同时，网络设备的可靠性已经几倍乃至十倍于服务器等计算机设备，而且还有成熟的热备份技术，合理使用已有的网络冗余备份等技术手段，使北京飞控中心现在的网络备份方式比原有的更快捷、简单和可靠，并且有利于系统操作和维护。因此，目前北京飞控中心已经逐步建成以TCP/IP协议为基础的对称式双以太网结构。为提高关键设备的网络可靠性，设计为物理上双网连接，逻辑上为单网。

飞控中心内部计算机局域网络系统，主要由中心千兆网络交换机以及向下级连的二级千兆网络交换机组成，为各个分系统提供信息交换通道（图6－9）。第一级（顶级）网络主要由双机热备份的两台具有千兆端口速率的中心交换机构成，负责中心计算机系统中各分系统间的系统级信息交换和对系统外的信息吞吐；第二级网络主要负责各分系统内的信息交汇，其网络交换机通过主／备连接方式与一级交换机连接，构成冗余备份。系统在应用中需扩大规模时，可以在第二级交换机上往下级连第三级交换机，形成第三级网络，负责分系统内子系统的信息交换。

图6－9 网络结构示意图

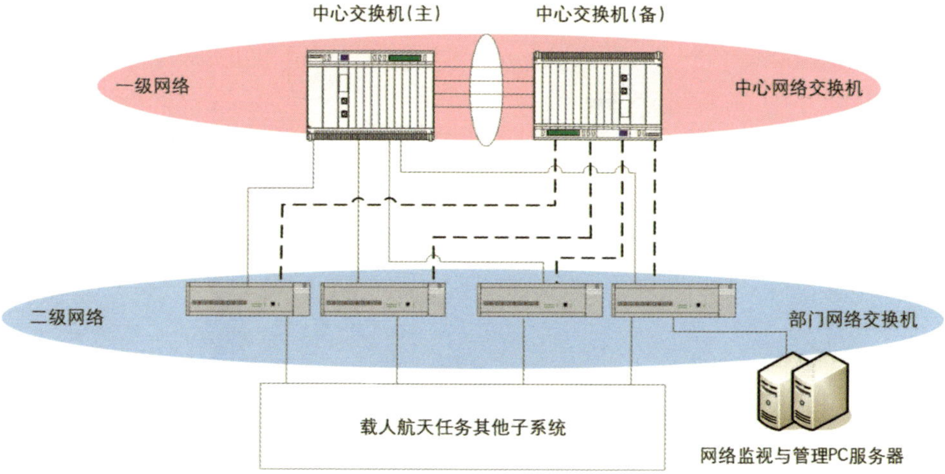

（2）计算机体系结构

北京飞控中心既承担着载人航天任务，又是绕月探测工程的飞控中心，同时还能承担其他多种型号的卫星任务。此外，为了缩短任务准备时间和增强系统的安全性和可靠性，还必须有相应的辅助环境，如仿真系统、开发测试系统等。根据飞控中心承担的任务及特点，计算机系统建设成为以网络为中心的“任务分布和功能分布”相结合的层次式系统结构，任务、仿真与开发三大系统相对独立又相互融合，不同任务、不同功能在同一任务系统集中完成（图6－10）。所谓任务分布是指把一个任务分成多个可并行执行的子任务，分配给各场地协同完成；功能分布是指把系统的总功能分划成若干子功能，由各场地分别承担其中的一部分或几部分子功能。

以网络为中心的多级体系结构的优点，是可以根据任务的需要，使不同任务和不同功能的设备既可以互相关联，又可以通过虚拟网络的划分互相隔离，形成一个物理上互相连接、逻辑上互相隔离的网络系统。

图6–10 中心计算机系统多任务功能分布式结构示意图

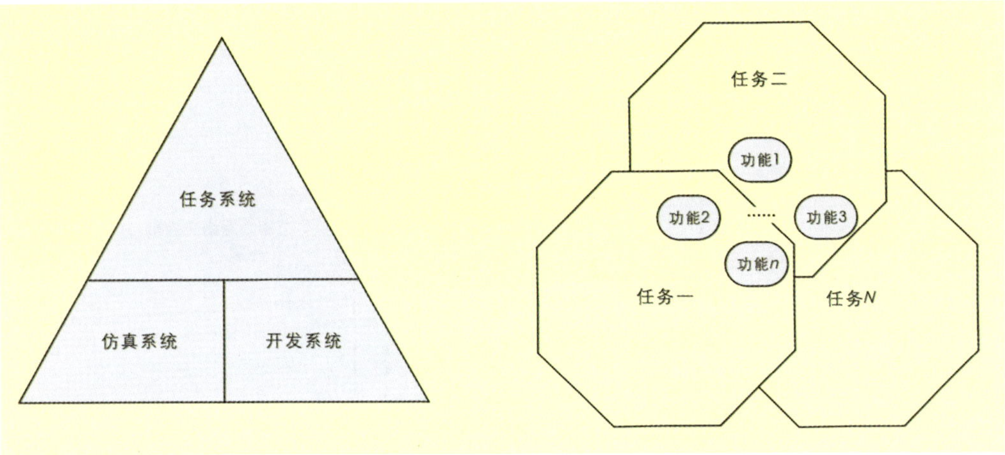

第七章

陆海基载人航天测控网

神舟1号至神舟7号飞行任务的测控通信保障，依靠的是一张神奇的“大网”，这就是全球布站的陆海基载人航天测控网。

1. 航天测控网的操作运行

如第一章所述，我国的航天测控网复杂而庞大，且分布于全球。它既要完成我国载人飞船和各类卫星的测控通信任务，还可以根据有关国家的要求，支持国外卫星的测控任务。如何使这些有限资源高效地服务于如此多的航天任务呢？这主要由资源调度中心来完成。该中心对测控事件和测控资源进行有效的计划调度，合理分配测控资源。为更好地实现资源调度功能，需要提高设备的自动化程度，缩短设备更换跟踪目标时状态设置的时间，合理规划各设备的任务等。

在每次测控任务前，飞行控制中心和其他应用中心根据需要提出测控网使用申请，并将此申请传至资源调度中心。资源调度中心根据这些申请及测控网的实际情况进行综合与协调，形成测控网使用要求响应，分别返回提出申请的各用户。各任务中心以资源调度中心返回的使用要求响应，作为制订工作计划的依据。若资源调度中心的响应不能满足其要求，任务中心就与资源调度中心进一步进行协调。经科学安排，资源调度中心生成测控设备工作计划，并发往各测控站。同时，资源调度中心依据任务中心送来的测控站配置参数及要求，利用测控网远程监控系统，在任务前将测控设备配置成任务中心所要求的工作状态。资源调度中心对各任务中心的测控网使用要求进行综合，形成测控网调度计划，供资源调度中心了解测控网资源分配使用情况。航天测控网资源调度工作方式见图7－1。

图 7－1　航天测控网资源调度工作方式流程图

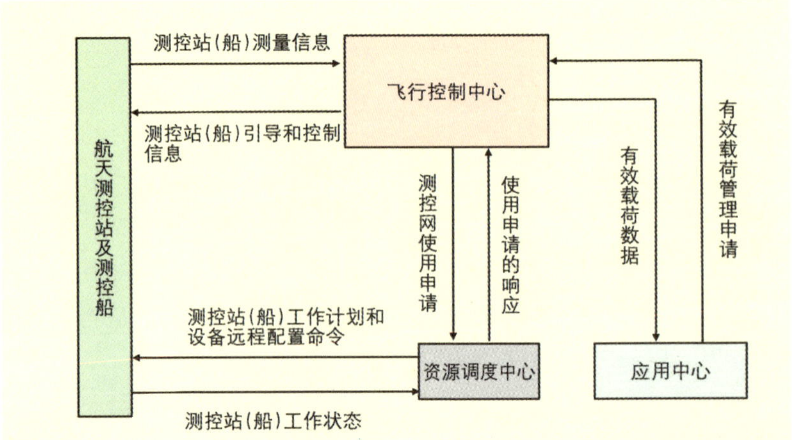

在任务中，任务中心通过测控站直接将指令等信息发往航天器。同时，任务中心也可将航天器测控计划发往测控站，一方面方便测控站了解本站的工作内容，另一方面有利于测控站作好应急发令准备。

2. 航天测控网的工作模式

航天飞行任务的测控网，一般按照国际上较为通行的“透明传输”工作原则，即航天器和控制中心之间对往返传输的数据信息不进行附加处理，仅进行中转的工作模式。

这种测控网工作模式随着我国载人航天工程而全面贯彻实施。那么，我国的S 频段航天测控网为什么要选择这种工作模式呢？

所谓“透明”有两层含义：一是航天器通过测控站到飞控中心的透明传输，飞控中心的操作人员就像是面对航天器一样，直接对其进行控制，所有的指令和数据都在飞控中心产生，测控站只起沟通天地信道的作用。载人航天任务要求快速传输数据，而减少中间环节本身就意味着速度的提高。载人航天工程需要各系统专家的共同决策，把所有数据通过高速数传线路可靠地汇集到一个中心，有利于专家们共同决策，能够提高飞控中心实时掌握飞船和航天员状况的能力，加快故障判断、指挥决策和指令发送的速度。二是测控站对资源调度中心的透明，资源调度中心如同在测控站内直接操作测控设备，实现测控资源的集中管理和运行，可以减少地面站的操作人员，还可以提高测控网的运行效率，适应多星测控任务的要求，做到一网多用。

采用透明传输工作方式时，一旦遇到故障，可以快速自动切换到备份器件上，保证设备的正常运行。另外，透明工作模式有助于减少测控站工作人员和降低对站上操作人员的技术要求，有利于建设无人值守的测控站，这对于条件艰苦的测控站、测量船等尤为重要。

3. 航天测控站

航天测控站是对飞行中的火箭、航天器实施跟踪、遥测与遥控的设施和机构。测控站就像是航天测控网的“触手”，飞行控制中心通过测控站完成对火箭和飞船的测控通信任务。

图 7－2 航天测控站

图 7－3 车载测控站

图 7－4 远望 2 号测量船

测控站根据其具备的功能可分为单功能站和综合测控站。单功能站如安全控制站、光测站、遥测站和雷达站等。而综合测控站的功能全面，通常配置光学设备、无线电测量设备、遥测接收设备、遥控设备，以及计算机、通信、时间统一、数据传输、气象保障等设备。例如，在东风站配置了高速摄影测量仪、安控电视系统、小型实况记录仪、光电经纬仪、S 频段统一测控系统、脉冲雷达、遥测、超短波遥控和 VHF 天地通信设备。有时，为弥补主测控站覆盖范围的不足，还会在其覆盖范围前方设置称为前置站的辅助测控站。

测控站建设中的一个关键问题是站址选择，除了要满足测控覆盖范围和测量精度要求，还需要从地质条件、电磁环境等多方面综合考虑。

测控站可分为固定站（图 7－2）和机动站，其中机动站又可分为车载站（图 7－3）、可搬运式活动站等。机动站的优点是可以根据航天器的飞行轨道调整布站的位置，但其天线口径、测量精度等受安装载体（平台）的限制，一般只作为固定站的补充。测量船则是一种装在船上的可以在广阔海面上机动的测控站（图 7－4）。

4. 测量船在行进中测量

测量船实质上就是以船体为安装平台，能够根据任务要求在海上进行灵活布设的活动测控站，一般要在匀速、直线航行状态下完成测控任务。由于海风、海浪的冲击，船舶平台处于不停的摇摆和漂移之中，所以，为了保证测量船在这种动态条件下捕获和跟踪航天器，必须考虑以下因素：船舶平台的减摇和实时位置、姿态的测量修正。

为提高船体的稳定性，保证船载测控设备具有较好的测量工况，在测量船上都设置了减摇鳍。当敏感到船体向一侧倾斜时，计算机就会控制减摇鳍向相反方向动作，使测量船自动回复到初稳状态。减摇鳍的使用，能够明显增加船体的稳定性。

因为测量船载体平台的姿态、位置是不断变化的，测量船必须提供准确的测量坐标和姿态作为测控设备捕获目标与稳定跟踪的参照基准，并使船载测量设备的测量数据归算到统一的地心坐标系，这一任务由船姿船位系统来完成。

船姿船位系统主要由惯性导航设备（简称惯导）、卫星导航定位设备（简称卫导）及经纬仪等设备组成，其输出的数据是经度 λ、纬度 ϕ、航向角 κ、横摇角 θ、纵摇角 ψ（图 7－5）。综合导航计算机将惯性导航、卫星导航和天文导航信息进行融合优化处理，使系统的性能和可靠性大为提高。目前，该系统的定位精度优于 30 米，水平精度可达 10 角秒，航向精度优于 1.2 角分／24 小时。

测量船在有限船体内集中安装了众多无线电设备，有大小天线近60副。需要在设计和使用中解决因为设备密集而产生的两个问

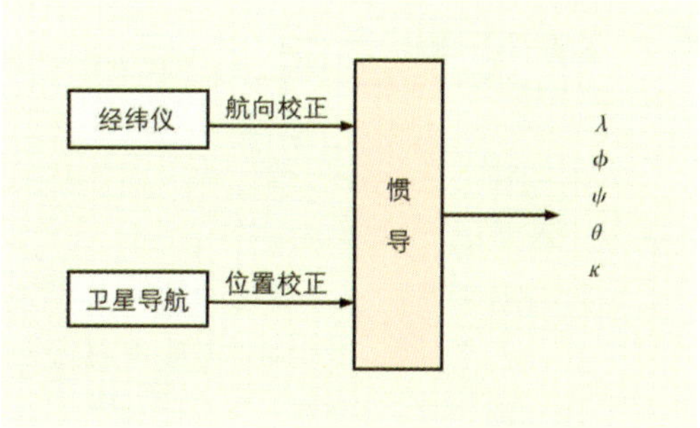

图 7－5 船姿船位系统综合导航示意图

> **知识链接**
>
> **"远望"的由来**
>
> 最初远望1号、远望2号两艘综合测量船的船名分别为"东海号"和"北海号"，随后发现此船名与国家商船船名重复，需要重新命名。1965年秋，叶剑英元帅在大连作过一首七律《远望》，毛泽东主席曾亲笔书写此诗回赠叶帅。于是，时任国防科委副主任的钱学森建议以"远望"作为测量船船名，并被采纳。目前，远望系列测量船镶嵌在船头两侧的草书"远望"即为毛泽东主席当年的笔迹。

题，即电磁兼容和视角遮挡。

船体的上层甲板大小天线林立，工作频段从直流到 X 频段，发射功率最高达到兆瓦级，接收机灵敏度最高达到 −150 dBW，非常容易产生电磁干扰问题。为克服设备之间的电磁干扰，在设计和布局时，必须合理地选择各电子设备的工作频率和频谱，合理布置设备和天线，严格选择和敷设电缆，并采取必要的屏蔽、限流和滤波等技术措施。在使用时也要注意按照限用条件，规范开机顺序，禁止随意增加发射机的发射功率，以将出现电磁干扰的可能性控制到最低水平。

测量船大部分测量设备都沿艏艉线布置在船舶摇摆幅度较小的中部区域，前面是主桅，是全船的最高点，中后部是烟囱和后桅。天线前后间距最短的只有十几米，天线口径最大12 米，因此必然产生沿艏艉线方向的前后相互遮挡问题。在设计天线布局方案时，必须综合考虑各类航天器的射向和弹道，确保对规定弧段能够正常测控。另外，在使用时要合理设计测量船的航向，避免跟踪航天器时出现设备相互遮挡的问题。

测量船在海上长期航行，受到高温、高湿、海浪和盐雾的侵蚀。为保证船载电子设备正常可靠地工作并延长使用寿命，船体上安装了水密门窗，全舱室加空调，电子器件采用大规模集成电路和密封导热措施，裸露部分进行防潮、防盐雾和防霉变处理。

测量船要在海上独立工作，还必须配备各种通信手段，以保证其船内外通信联络的畅通。此外，还要配有完善的气象保障系统，保障海上作业的安全进行。

5. 航天测控网工作在哪些频段

大家知道，无线电广播一般工作在中波和短波频段，手机工作在分米波频段，这样各系统可互不干扰地正常工作。为保证对全球运行的航天器的正常测控通信，其无线电测控通信系统的工作频率必须符合国际和国内的无线电频段划分规定。在国际间处理有关频段问题时，除双边另有协议外，按各国在国际电信联盟文件上签署的意见处理。当然在制定这些频段标准的时候，还要考虑无线电波的传播特性以及当时设备器件的工艺水平等。

国际电联颁布的《无线电规则》中，给空间操作和空间研究业务分配了若干个频段。国际电联《无线电规则》中部分空间操作和空间研究业务频段如表 7－1 所列。

表7－1　国际电联《无线电规则》中部分空间操作和空间研究业务频段

业务	频段	方向	业务	频段	方向
空间操作业务	137～138兆赫	（空对地）	空间研究业务	174～184兆赫	（空对地）
	148～149.9兆赫	（地对空）		470～485兆赫	（空对地）
	174～184兆赫	（空对地）		2 025～2 110兆赫	（地对空）
	267～273兆赫	（空对地）		2 110～2 120兆赫	（地对空）（深空）
	385～398兆赫	（空对地）		2 200～2 290兆赫	（空对地）
	470～485兆赫	（空对地）		2 290～2 300兆赫	（空对地）（深空）
	1 427～1 429兆赫	（地对空）		7 145～7 190兆赫	（地对空）（深空）
	1 525～1 535兆赫	（空对地）		7 190～7 235兆赫	（地对空）
	1 610～1 626.5兆赫	（地对空）		8 400～8 450兆赫	（地对空）（深空）
	2 025～2 110兆赫	（地对空）		8 450～8 500兆赫	（地对空）
	2 200～2 290兆赫	（空对地）		14.4～14.47吉赫	（空对地）
				16.6～17.1吉赫	（地对空）（深空）
				25.5～27吉赫	（空对地）
				31.8～32吉赫	（空对地）（深空）
				34.2～34.7吉赫	（地对空）（深空）
				37～38吉赫	（空对地）
				40～40.5吉赫	（地对空）

我国航天测控网对入轨后航天器的测控使用 C 频段和 S 频段两个子网。

C 频段测控网主要用于我国同步通信卫星任务，目前所用频段已和国际接轨，上行为 5 850～6 425 兆赫，下行为 3 625～4 200 兆赫。

S 频段测控网是在载人航天工程中建成的测控网，使用频段为国际电联规定的空间操作业务频段，频段为 2.0～2.3 兆赫。S 频段测控网除用于载人航天任务外，还广泛用于我国非地球同步轨道卫星发射测控任务，现在也开始为一些地球静止卫星发射提供测控支持。国际上对航天器的操作大都采用 S 频段，因此使用 S 频段对国际联网有利，一方面有利于我国测控站参与国际测控联网，为国外航天任务提供服务，另一方面我国执行航天任务时，如有必要，也容易得到国外测控站的支持。

从表7－1中可见，几百兆频段也可用于航天器测控，但实践证明，在这一频段上与日益扩展的地面电视业务干扰严重，而且可用带宽窄，数传速率低。不过它有天线及设备简单的优点。

6．通信系统
——测控网的神经系统

（1）通信系统在载人航天测控网中的地位和作用

通信系统的主要任务是把航天测控网分布在世界各地陆上的测控站和海上的测量船与航天飞控中心连接起来，形成航天飞控中心—测控站—飞船完整的测控通信链路，从而实现与航天员的通信和对飞船的操控（图7－6）。如果把整个测控网看作一个人的话，那么，北京飞控中心相当于人的大脑，测控站相当于人的手、

图7－6 载人航天通信网组成示意图

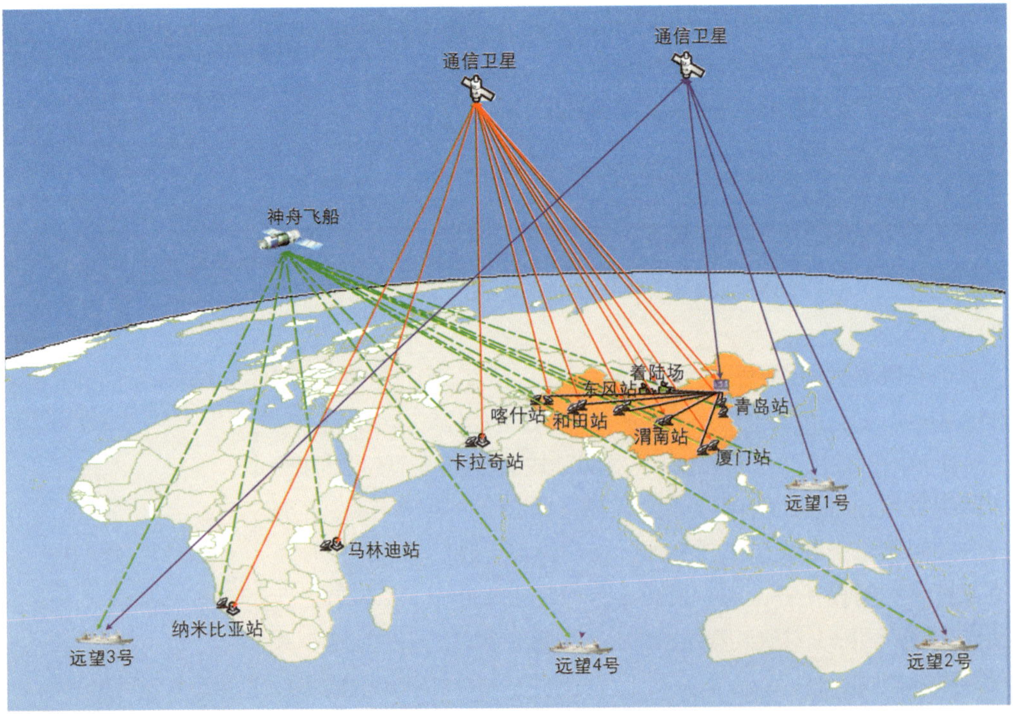

眼睛、耳朵和嘴巴等功能器官，而通信系统则可以比做人的神经系统，它把大脑和功能器官连接起来，传递各种信息和指令，使各种功能器官发挥作用。

（2）通信系统的组成和功能

当前，我国的航天通信系统是一个数字化的专用通信网络，综合运用光纤通信、卫星通信、数字话音和图像编码、多业务综合数字传输与交换等多种现代数字通信技术和手段，完成航天任务中各类话音、数据和图像信息的综合传输与交换。网络横跨三大洋，涉及三个中心，十几个陆基和海基测控站，有几百台（套）设备。虽然系统规模庞大，构成复杂，但从技术层面看，其组成与功能和庞大的电信系统十分相似，仍可划分为通信传输系统、综合业务平台以及业务系统三大部分（图7－7）。

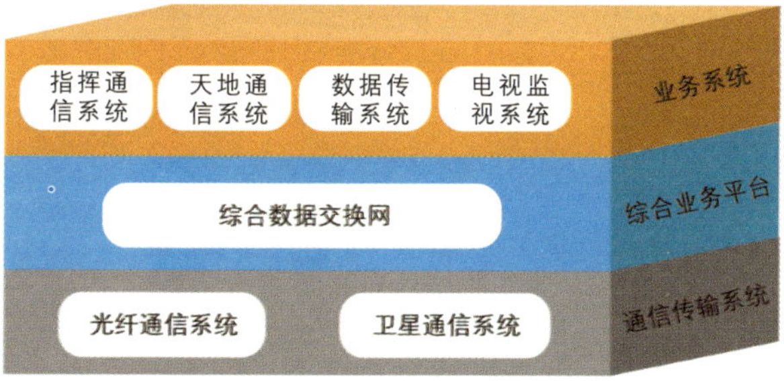

图7－7 航天通信系统技术分层示意图

通信传输系统在北京飞控中心与各测控站之间提供信息传输的物理信道。根据中心与各测控站的信息传输要求及各方向的通信条件，为确保通信的可靠性，通信传输系统在中心与各测控站之间采用主、备两种传输手段。国内测控站与中心间一般采用专用卫星通信与地面光纤通信相结合的方式测控；国外测控站和测量船一般采用专用卫星通信和海事卫星通信相结合的方式或专用卫星通信与地面国际电路相结合的方式。

综合业务平台由设在飞控中心和各测控站的数据交换节点在底层传输信道的支持下互连，构成一个统一的多业务信息交换网，其主要作用是为各业务系统话音、数据和图像等信息的接入、复用与交换传输提供支持。为保证网络的可靠性，综合业务平台也采用了主、备两个网络的设计方案。

业务系统建立在综合业务平台之上，包括指挥通信系统、天地通信系统、数据传输系统和电视监视系统等，这些系统根据任务需要而建，满足任务所需的各类话音、数据和图像通信要求。指挥通信系统由设在各指挥岗位的专用指挥调度通信设备，按任务规定的指挥关系互连而成，是一个专用的语音通信系统。各级指挥员依托该系统在任务进程中进行实时指挥调度，确保任务各岗位工作协调一致，有条不紊；天地通信系统由装在飞船上的话音、图像通信终端和设在飞控中心的话音、图像通信终端以及相应的控制系统通过飞控中心—测控站—飞船的通信链路连接而成，是实现地面人员与航天员话音与图像通信的专用通信系统；数据传输系统由设在飞船、测控站和飞控中心的各类专用计算机通过综合业务平台互连而成，完成飞船遥测、遥控、航天员生理参数及各类空间应用数据的传输；电视监视系统主要部署在航天器、发射场和飞控中心，由设在不同位置的摄像机及相应的图像传输、切换控制和显示系统组成，完成对飞船、火箭、发射场和飞控中心等重点部位和重要场所图像的实时监视显示，为各级指挥员了解掌握任务工况提供直观形象的信息。

7. S 频段统一测控系统

S 频段统一测控系统是航天测控网的核心设备，在该设备中，将多种测控功能的信号通过副载波调制在上／下行统一载波上进行综合传输，集跟踪、测距、测速、遥测、遥控、通信、数传等多种功能于一体。由于其地面设备简单，航天器所需配置的天线和设备少，系统可靠性高，测量精度适中，已成为航天测控网的主要设备。

（1）系统组成与工作过程

完整的S 频段统一测控系统包括地面设备和航天器载设备，如图7－8 所示，主要由地面的上行调制与发射、下行接收与解调，以及航天器上的调制与发射、接收与解调等4 个部分组成，其工作过程如下。

经脉冲编码的遥控指令、数字话音等信号先分别调制在各自的正弦副载波上，然后将已调各副载波信号与测距信号直接相加，构成复合基带信号，一起对载波调频或调相，形成频分复用统一载波信号，经上变频、高功放，由天线发往航天器。

航天器应答机接收并锁定地面设备的上行载波调相信号后，经载波相干解调，恢复出复合基带信号。之后，由遥控指令终端完成副载波解调，得到脉冲编码调制指令信息码，经译码器、指令分配器，送航天器上相应的执行机构执行。话音终端将副载波解调后得到语音信号送航天员收听；经载波解调获取的测距信号送航天器应答机的发射支路进行下行转发。

由传感器产生的遥测数据经脉冲编码，与遥控反馈指令码一起，构成脉冲编码数据，对副载波进行脉码调制／相移键控调制，形成编码遥测副载波调制信号；航天员的话音信号对副载波调制后形成话音副载波调制信号。转发的测距信号、遥测与话音等已调副载波信号相加在一起，对应答机的统一载波进行调相，形成

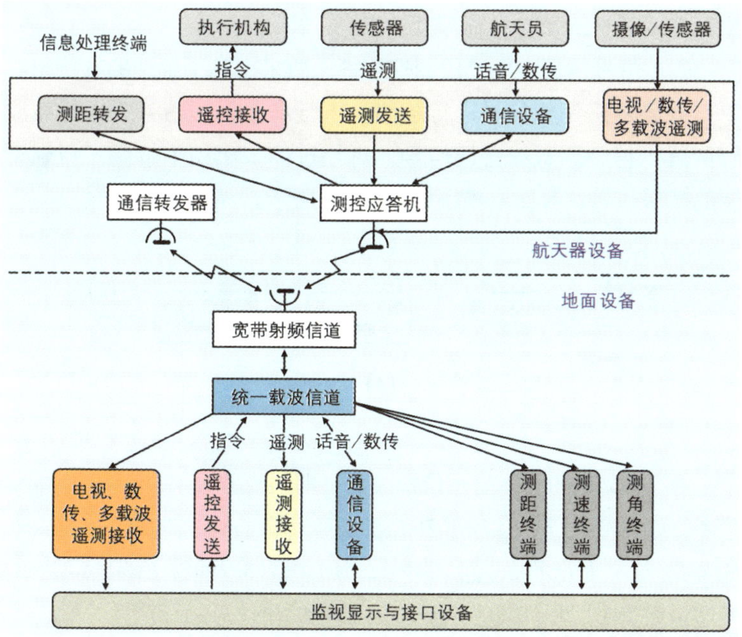

图 7–8 S 频段统一测控系统组成

频分复用下行载波信号，经功放由天线发往地面设备。

地面设备对下行载波信号接收与锁定之后，经下变频送宽带解调器，进行载波相干解调与滤波、分路，将不同的副载波信号分送至各自的解调终端。从转发回来的测距信号可测得该信号往、返的传输时间，并转换为距离数据；从载波的多普勒频率得到距离的时间变化率即为速度。

(2) 工作原理

1）信号调制。S 频段统一测控系统采用频分复用的调制体制，各基带信号分别调制到独立的副载波上，已调副载波合并之后再对载波进行调相。以下行载波调制为例，调制在下行载波上的信号有编码遥测信号、语音信号、应答机转发的测距码信号等。

设统一载波信号包含 1 个测距码信号和 K 个正弦副载波信号，则调制后的下行调相信号为

$$s(t)=A\cos[\omega_c t+b\,c(t)+\sum_{i=1}^{K}m_i\sin\Omega_i t] \qquad (1)$$

式中，A 为载波幅度；ω_c 为载波角频率；b 为测距伪码对载波的调相指数；$c(t)$ 为测距码波形；m_i 为第 i 个副载波对载波的调相指数，Ω_i 为第 i 个副载波的角频率。

2）信号解调。S 频段测控系统一般采用相干解调的方法来对下行频分复用调相信号进行解调。下行载波调相信号先经过载波解调器，得到副载波已调信号，再经过第二次相干解调，得到调制的基带信号，其基本模型如图 7－9 所示。

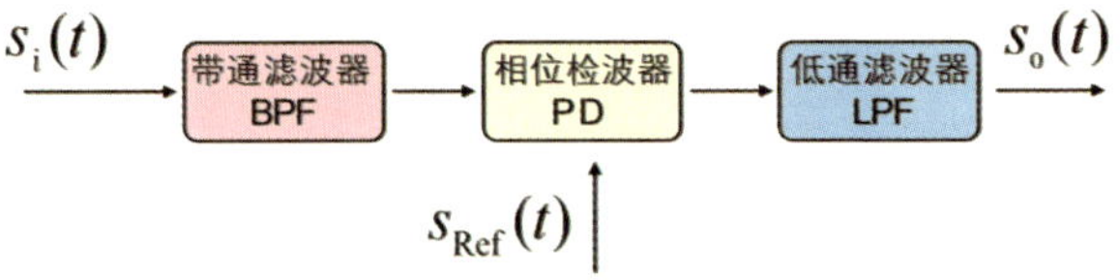

图 7－9　相干解调器基本模型

图 7－9 中的 PD 是相位检波器（即乘积器），其参考输入端信号 $s_{Ref}(t)=-\sin\omega_c t$，BPF 和 LPF 分别为带通滤波器和低通滤波器，如公式（1）所示的多载波信号 $s_i(t)$ 加在解调器的输入端，假定 PD 传递函数为 1，取差频项并经 LPF 后得输出信号 $s_o(t)$ 为

$$s_o(t) \approx \frac{A}{2}\sin[b\,c(t)+\sum_{i=1}^{K}m_i \sin\Omega_i t]$$
$$=\frac{A}{2}\{\sin[b\,c(t)]\cos(\sum_{i=1}^{K}m_i \sin\Omega_i t)+\cos[b\,c(t)]\sin(\sum_{i=1}^{K}m_i \sin\Omega_i t)\} \quad (2)$$

3）角度自动跟踪。S 频段统一测控通信系统下行信号是一种有残留载波的调相信号，因此天线角跟踪系统利用其作为跟踪信号，实现角度自动跟踪，得到目标的方位和高度角信息。

知识链接

实现角跟踪的常用体制

(1) 圆锥扫描体制

馈源绕机械轴转动，其波束扫成一个圆锥体且锥体轴线和抛物面的轴线重合的扫描方式。锁相接收机在完成对下行残留载波信号的锁定及 AGC 控制之后，对接收机输出的中频信号相继进行峰值检波、相干同步检波，即可提取出方位与俯仰误差电压。利用这种误差信号控制伺服系统转动天线，可以完成对目标角坐标的自动跟踪。

(2) 振幅比较单脉冲体制

该方法是微波统一测控系统采用的主要角度自动跟踪体制，不论采用哪种类型（三通道、双通道或单通道）的单脉冲，都必须利用“和通道锁相接收机”的输出为角误差解调器（相位检波器）提供参考基准，并用锁相接收机产生的增益自动控制电压，对各通道信号进行归一化处理。

8. 时间统一
——全网步调一致的保证

(1) 为什么要进行时间统一

载人航天测控网采用分布在全球各地的无线电测控通信设备协同作业，完成对同一个运动目标的测控与通信，客观上需要一个统一的时间和频率基准——时间统一系统来保证。它的重要性主要表现在以下几方面：一是所有重要事件的时刻都需要用统一的时间系统给予标记。例如，运载火箭的发射时刻，飞船的入轨时刻等，这些时刻准确与否，关系到整个飞行任务的成败。二是由于测控系统分布范围广，只有依靠时间统一系统才能实现整个系统的时间和频率的统一，使测控系统中的各种测控设备协调一致地工作，将各自测得的测量数据按照统一的时间排列成时序信息，以便测控中心进行综合数据处理，否则就不可能得到飞船的精确飞行轨迹。三是飞船在轨飞行时，经常要由地面根据航天任务的需要，控制航天器的轨迹和状态，如调姿、变轨和制动等，而所有这些动作都要由测控系统发送指令来实施。由于飞船飞行速度非常快，对飞行控制的要求也就非常高，可谓是“差之毫厘，谬以千里”。因此，没有时间统一系统，就无法对飞船的飞行实施精确的控制。

（2）如何实现时间统一

实现时间统一的基本原理就是大家所熟知的“对表”原理。当大家的表都与“北京时间”对准的时候，大家的表也就相互对准了，即实现了时间的统一。有了精确的时间，才有可能获得高精度的频率。

我国的载人航天工程对时间统一精度的要求在毫秒量级，要使分布在全球各地的测控通信设备达到如此精度的时间统一，就远非普通的对表那么简单。时间统一系统就是一个实现各测控站“对表”功能、由多种电子设备组成的系统，包括授时和用户两大部分（图 7−10）。授时部分由国家时间频率基准和授时台组成，它产生标准时间和标准频率信号，通过授时台用无线电方式发播至各地用户。通常采用的授时手段有短波授时和长波授时。近年来卫星授时技术得到迅猛发展，授时精度可达到100 纳秒量级。用户部分由布设于各个中心和测控站的时间统一设备组成，它接收授时台的时间频率信号，并向用户终端提供符合精度要求的时间和频率信号。时间统一设备包括定时校频接收机、频率标准、时间码产生器、

图 7−10 时间统一系统组成示意图

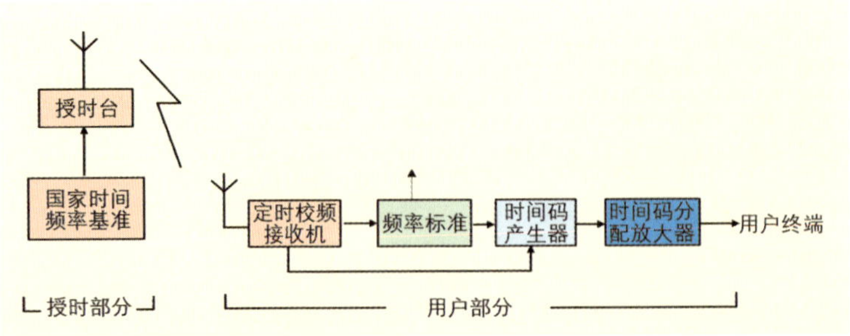

时间码分配放大器和用户终端等几部分。

时间统一系统的工作原理为：定时校频接收机接收授时台发来的标准时间频率信号，用于校准本地频率标准的频率和时间刻度起始原点，频率标准向用户提供标准频率信号；时间码产生器和时间码分配放大器产生标准时间编码信号提供给相关的测控通信设备使用。由此实现各站测控通信设备的时间统一，进而达成全网的时间统一。

9. 载人航天任务的调度指挥

（1）载人航天任务的指挥关系

载人航天任务涉及单位多，分布范围广，必须在统一指挥下协同作业，严密配合，步调一致地完成预定工作。在飞船发射和飞行过程中，如何保证这个庞大系统的集中统一指挥呢？首先，要确定任务的指挥关系。一项任务的指挥关系是在任务实施过程中，根据任务的客观要求，把参加任务的各个单位、岗位和要素有效地组织起来协调工作而形成的确定的指挥序列。我国载人航天任务的指挥调度遵循“分级组织、集中指挥”的原则，根据任务不同阶段的特点和客观要求，确定不同的指挥关系（图 7－11）。在待发段和上升段，一般按照总部级、中心级和测控站级三级来组织；在运行段和返回段，则按照总部级、测控站级二级来组织，全网形成一个树状的指挥体系。上下级之间构成指挥关系，同级之间构成协调关系。总部级指挥所是载人航天任务指挥所，设在北京飞控中心，负责整个任务的组织指挥和技术协调，对

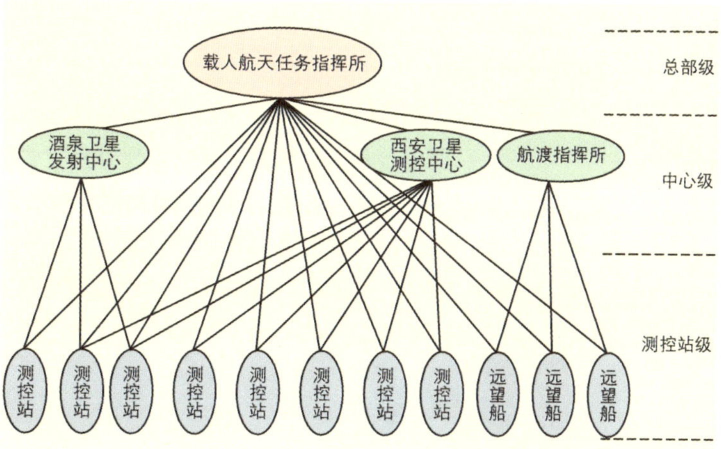

图 7－11 载人航天任务指挥关系示意图

下级具有越级指挥职能；中心级指挥所包括酒泉卫星发射中心、西安卫星测控中心和测量船航渡指挥所，负责所辖范围内相关单位和要素的组织指挥，接受上级的指挥，与同级指挥所构成协调关系，对下级具有指挥职能；各测控站（船）指挥所接受上级的指挥，组织本单位完成规定的任务。

（2）调度指挥系统是如何工作的

在载人航天任务实施阶段，主要依靠任务专用调度指挥系统，加上传统的文电和自动电话来实现全网的统一指挥。调度指挥系统是一个由设在各指挥岗位的专用指挥通信设备通过通信线路互连而成的专用语音通信网络。在各级指挥岗位设置专用调度主机设备及指挥终端，下属操作岗位设置调度用户终端，各调度设备按照任务指挥关系互联，形成一个专用的调度指挥网络。任务指挥员与航天员的天地通话系统，就是该网络向飞船的扩展和延伸。该网与自动电话网、数据通信网等其他业务网络逻辑上互相独立。网络的功能以指挥员对下级用户的通播功能为主，同时具有专向对讲、转接通话等功能，以及必要的越级指挥、通话分隔和通话屏蔽等控制功能。在任务实施过程中，为便于识别和呼叫，各指挥岗位被冠以专用的调度代号。在任务进程中，总部级指挥员根据任务预定的程序计划，通过指挥调度设备以通播方式适时对全网各岗位或部分相关岗位发布语音口令，各下级指挥员适时指挥本级人员完成规定的操作，并向上级指挥员报告情况，以此保障各岗位按任务预定的程序有条不紊、协调一致地工作。我们在电视直播火箭发射过程中听到的“一分钟准备”、“点火”、“起飞”等口令，就是北京载人航天任务指挥所授权发射中心零号指挥员发出的指挥口令，在飞船飞行过程中，我们会听到“喀什发现目标”、“青岛跟踪正常”、“神舟 7 号工作正常”等制式化的调度报告话音，这些口令与报告的正常传递都是通过调度指挥系统完成的。

第八章

天基测控网

随着航天技术的日益进步和航天任务测控需求的不断扩展，我们需要新的测控手段——天基测控。天基测控是目前航天大国普遍采用的先进测控手段，不仅可以大大增加跟踪通信的覆盖率、提高数据传输速率，而且能够大大提高效费比。

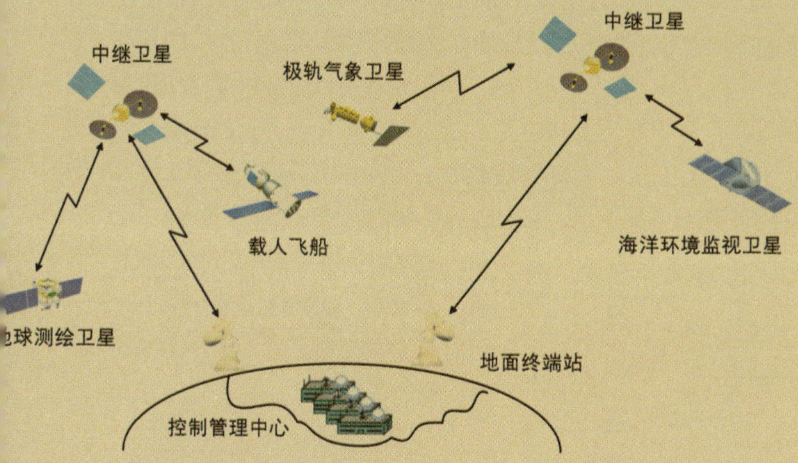

1. 为什么要建立天基测控网

虽然我国国土幅员辽阔，国内设立了多个陆基航天测控站，然而，对于载人航天的全球飞行，仍只能在载人飞船飞过我国领土上方时才有可能实施测控。为了完成飞船在国土之外飞行时关键弧段的测控任务，我国采取了部署测量船和在其他国家建站的方法。但是，在国外建站除了耗资大，还会带来一系列的政治、管理和维护问题；同时，测量船的造价及运行费用高，并且不可能长期在海上执行任务。那么有什么其他好的解决方法呢？

大家知道，由于电波直线传播特性和地球曲率的限制，地面站对近地航天器的覆盖范围很有限。载人航天任务对测控覆盖率的要求很高。而要增大测控站的观测范围，人们很容易想到“登高望远”的办法：如果把测控站搬到天上的地球静止轨道，一个站就可看到半圈以上的近地航天器，而且该站会停留在地面某地点的上空，于是控制中心可通过该天上测控站（天基站）和设在该地点的地面站长时间与航天器通信。如果在地球静止轨道上布设2～3个天基站（卫星），就能保证测控通信不间断。当然，真正把庞大的测控设备搬到天上是很困难的，但可以把转发设备搬上去，让电波信号在此拐弯，就像潜望镜一样，光线转弯就能看到无法通视的目标，这就是天基测控系统。天基测控网的核心是位于地球静止轨道的高级通信卫星，称为“跟踪与数据中继卫星”(英文缩写为TDRS)。计算表明，利用一颗中继卫星，即使在最不利的情况下，对200千米高的卫星也能跟踪其52%以上的轨道；对2 000千米高的卫星，覆盖范围则可达68%以上，如图8-1所示。

若采用两颗中继卫星，它们间的经度相隔130°，如图8-2所示，对飞行高度1 200千米以下的航天器存在一个不能覆盖的盲区；而对高度为1 200～2 000千米的卫星，则能覆盖100%的轨道。

如果再添加一颗中继卫星3，并在地球的另一面设一个远方站，

图8-1 一颗中继卫星的覆盖图

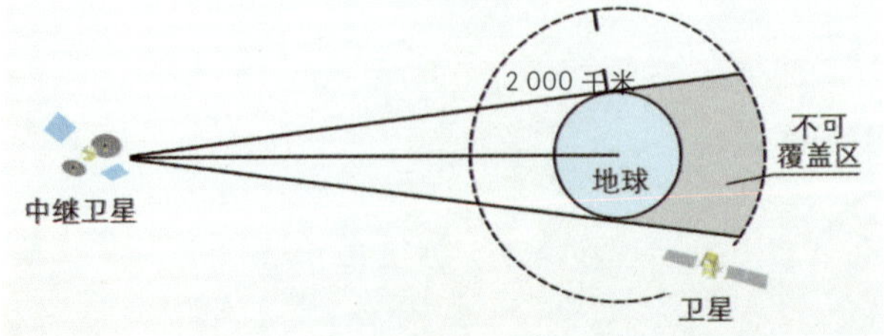

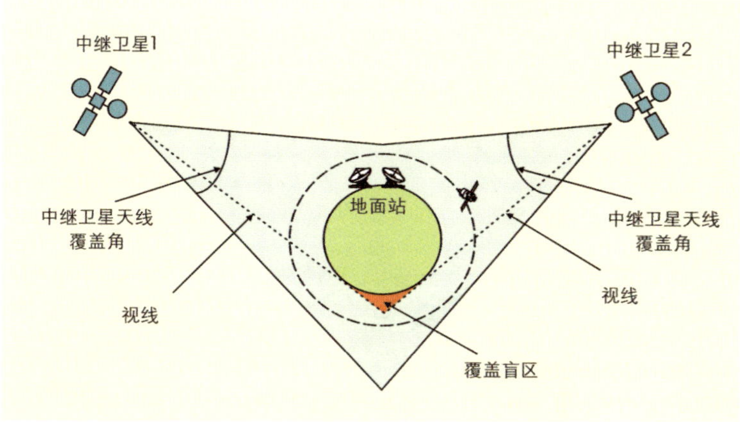

图 8－2 两颗中继卫星的覆盖图

沟通对中继卫星 3 的通信联系，就可以实现全球100%覆盖。

在天基测控系统中，除了中继卫星系统外，还有卫星式全球导航系统（如GPS、GLONASS、Galileo、北斗等）。利用它的全天候高精度定位、测速和定时能力，就可以不再单纯依赖于传统测控网来对载人飞船的轨道进行测定了，地面不需要安排频繁的测轨活动，也不需要一天几次校准飞船时钟。飞船可以根据位置信息、按照固化的程序进入自主导航运行模式，地面飞控中心的任务负荷也将大大减轻，测控网可支持更多的在轨航天器。

天基测控网是20 世纪后期航天测控界最突出的技术成就之一，它的出现使航天测控通信技术发生了革命性的变化，目前还在继续向前发展，不断拓宽自己的应用领域。

2. 天基测控网的组成

天基测控网主要包括跟踪与数据中继卫星系统和卫星导航定位系统。

（1）跟踪与数据中继卫星系统

跟踪与数据中继卫星系统（TDRSS），简称中继卫星，如图 8－3 所示，是一个利用静止轨道卫星和地面终端站，对中、低轨用户航天器进行高覆盖率测控和高速数据通信的系统。使用 TDRSS 系统可明显增加对中、低轨道航天器的测控通信时间及测控覆盖率。由于该系统利用静止轨道卫星作为中继转发站，相当于在天上布设测控站，故亦称为“天基测控网”。

中继卫星系统主要由中继卫星和地面应用系统两部分组成。

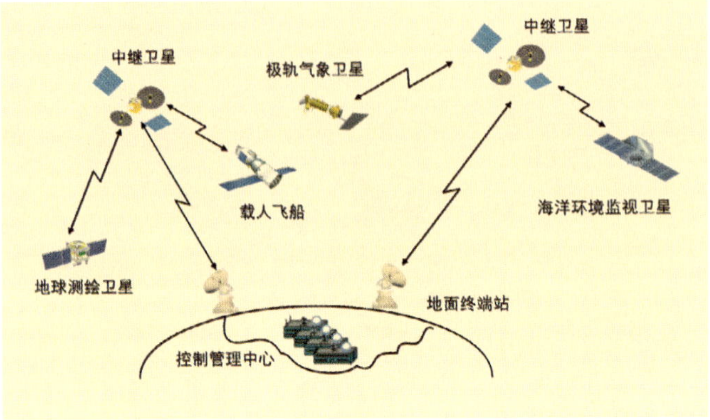

图 8-3 跟踪与数据中继卫星系统

中继卫星既可以是一颗卫星，也可以是由多颗卫星组成的卫星星座；地面应用系统主要包括中继卫星控制管理中心及配套的地面终端站，系统资源由中继卫星控制管理中心统一配置管理。

如果要为用户航天器及其用户中心提供跟踪和数据中继传输服务，还需在用户航天器上安装配套组件，即用户中继终端，在它的参与下，联合中继卫星与地面应用系统就可以完成相应的跟踪和数据中继任务。

中继卫星的主要任务是完成地面与用户航天器之间空间信息的接收和转发。中继卫星由有效载荷、结构、姿态和轨道控制、推进、测控、热控及电源等分系统组成，这些都是中继卫星的关键组成部分，缺一不可。

实现中继卫星测控与数传功能的核心部件为有效载荷分系统，主要由转发器和天线两大部分组成，转发器是卫星的主要部件。根据用户航天器所执行任务的不同需求，比如用户航天器的数据速率大小、信号的工作频率等，中继卫星可选用不同频段和性能的转发器来完成数据的转发功能。

天线是另一个重要的组成部分，主要由星地和星间两类天线构成。星地天线波束指向地面终端站，完成中继卫星与地面终端站的天地双向无线通信；星间天线可按固化程序或地面遥控指令指向用户航天器，并跟随用户航天器轨道运动而转动，完成中继卫星与用户航天器的星间双向无线通信。

地面应用系统主要包括中继卫星控制管理中心及配套的地面终端站。

控制管理中心负责受理地面飞控中心的业务申请，并为飞控中心和载人飞船提供前／返向业务。控制管理中心主要由计划管理与数据分发子系统和操作控制子系统组成，负责中继卫星和载人航天器中继终端的状态监视和操作控制，生成任务计划。

地面终端站主要由天线、射频信道、综合基带等子系统组成，受控制管理中心的远程监视和控制，在其控制下完成前／返向数传业务的发射、接收、处理、存储、分发，以及遥测、遥控、测距信号的发射、接收和处理工作。

（2）卫星导航定位系统

在前面讨论的天基测控系统中，除了中继卫星系统以外，还有卫星导航定位系统。卫星导航定位系统是现代电子技术与空间技术相结合的杰出成果，是对传统定位技术的重大突破和变革。卫星导航定位系统不但可以全天候地提供精确到米级的位置信息，而且还可以提供精度可达厘米／秒量级的速度信息，为商业、军事及民用业务带来了广泛的发展空间。

美国的GPS（图8-4）、苏联／俄罗斯的GLONASS，以及欧洲正在建设的Galileo及我国北斗二代卫星定位系统都采用中轨道的导航卫星星座，可为中、低轨道航天器（包括载人飞船）提供性能优良且简单易行的自主导航、姿态测定和高精度时间同步等相关服务。

积极开发导航定位系统在航天领域的应用，可明显提高航天器的自主能力，降低飞行任务的测控费用，还可以满足载人航天任务的一些特殊要求（如交会对接过程中的高精度相对导航、高精度实时定位等），所以导航定位系统已成为天基测控网的重要组成部分。

图8-4 美国GPS全球定位系统

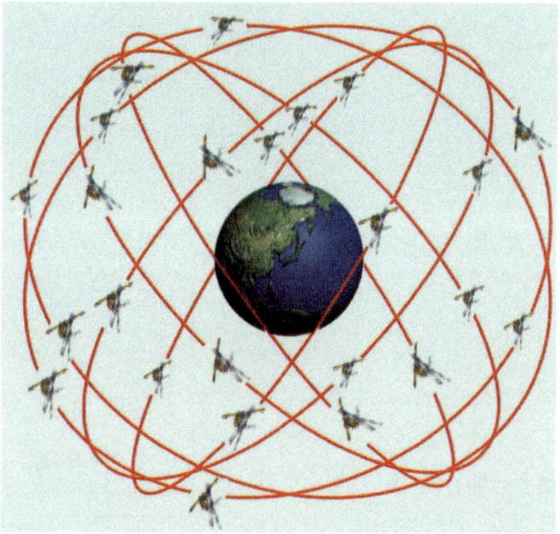

导航定位系统通常由三部分组成，即空间部分、地面监控部分和用户设备部分。

1）空间部分。指工作在中地球轨道上的卫星星座。美国GPS系统在地面高度20 000千米的6个中圆轨道上布设了24颗NAVSTAR GPS卫星，其他的导航定位系统也按相似结构布设了卫星星座。因此在地球上任何地方、任何时候，导航定位接收机总可以同时接收到4颗以上卫星发出的信号。

导航定位卫星可以执行地面监控站的控

制指令，接收和储存由地面注入站发来的导航信息，向导航定位用户发送导航信号、导航信息，并能够通过星上高精度原子钟（铷钟或铯钟）向用户提供精密的时间标准。

2）地面监控部分。一般由多个地面站组成，包括主控站、信息注入站和监测站。主控站负责协调、管理所有的在轨卫星和地面监控系统。信息注入站的主要任务是在主控站的控制下，将主控站推算和编制出的卫星星历、钟差、导航电文和其他控制指令等注入到相应卫星的存储系统，并监测注入信息的正确性。监测站的主要任务是为主控站编算导航电文提供观测数据。

3）用户设备部分。由导航定位接收机硬件和相应的数据处理软件以及微处理机及其终端设备组成。接收机的主要功能是接收导航卫星发射的信号，以获得必要的导航和定位信息及观测量。用户接收机中还配置了必要的处理软件包（通常由厂家提供），其主要作用是对观测数据进行精加工，以便获得精密定位结果。

3．中继卫星系统的基本工作原理

中继卫星不作任何数据处理，只完成信号的收发中转，提供低空—高空—地面的“透明弯管”数据传输服务。数据中继卫星系统的工作原理如图 8－5 所示，完成对中、低轨航天器的跟踪测轨业务和前／返向数传业务。

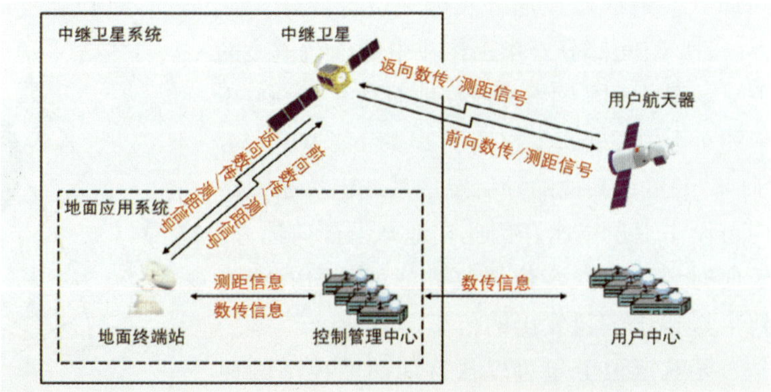

图 8－5　数据中继卫星系统工作原理

（1）跟踪测轨业务

当需要确定飞船轨道时，从地面终端发出测距／测速信号到中继卫星，经中继卫星转发到飞船，再经飞船转发后按原路返回到地面终端站，通过伪码相关技术并经计算可获得地面—中继卫星—飞船的双向距离及其变化率的信息。当中继卫星的位置精确已知时，从上面的信息中扣除地面到中继卫星的相应测量量，即得到以中继卫星为参考的距离及其变化率信息。利用该信息虽无法直接获得飞船的位置和速度信息，但由于飞船的运动特性可以比较准确地掌握，利用长时间跟踪数据采用动力学定轨方法可以解算出飞船的轨道。简单来讲，动力学定轨过程就是以已知的飞船轨道初值为基础，进行轨道外推，得到其相对观测站的观测量。由于初值不准确，使得相对观测站的观测量与实际观测量不吻合，这个差值需要利用后续的测量值数据对初值进行修正，迭代收敛后的值即为定轨的结果。

（2）数据中继业务

中继卫星系统能以S 频段、Ka 频段链路为多种中、低轨道航天器提供数传服务，数据速率从几十千比特／秒至上百兆比特／秒不等，能够满足大多数中、低轨道航天器的数传要求。

中继卫星系统中，由用户中心发出、经地面应用系统、再经中继卫星到用户航天器的数传链路，称为前向链路。用户中心要发向用户航天器的遥控指令、注入数据、数传等信息，在控制管理中心汇集并送到地面终端站，由地面终端站调制到Ka 频段链路上发向相应的中继卫星，再从那里以S 频段或Ka 频段星间链路转发给相应的用户航天器。

中继卫星系统中，从用户航天器发出、经中继卫星转发到地面的数传链路，称为返向链路。中、低轨道上用户航天器要发向地面的遥测数据、探测数据、话音和电视等信息，经S 频段或Ka 频段星间链路发向中继卫星，中继卫星接收后，经变频以Ka 频段将其转发到地面终端站，在地面终端站进行射频解调与初步处理后，传递到控制管理中心进行汇集，并通过国内通信卫星链路或其他宽带链路送至最终的地面用户。

(3) 卫星中继为何使用S频段和Ka频段

随着卫星应用范围的不断扩展，要求数据中继系统传输数据量越来越大，目前可支持速率高达上百兆比特／秒的数据传输，未来还将发展到上千兆比特／秒。根据目前常用的数据调制解调方式，数据传输速率越高，所要求的载波信号中心频率也就越高，当数传速率达到上千兆比特／秒时，载波信号中心频率则宜选用Ku，K，Ka或更高频段。我国目前的中继卫星数据中继业务选用Ka频段。

Ka频段适用于地面终端站与中继卫星的上下行日常测控链路、地面终端站与中继卫星前／返向数传链路、用户航天器与中继卫星的前／返向链路。

陆、海基S频段航天测控网是我国卫星测控的主要手段，尽管Ka频段可以满足中继卫星测控和数据中继的业务需求，但当卫星出现姿态异常或者天气恶劣时，由于Ka频段波束较窄且雨衰现象严重，很难实现地面终端站与中继卫星的双向捕获。所以，在中继卫星早期运行段以及应急测控时，还需要通过S频段设备进行相关操作。同时，当用户航天器对数传速率的要求不高、航天器上的中继终端天线自跟踪能力不强时，也可以使用航天器上S频段终端设备与中继卫星实现双向捕获，以完成低速数据传输，或者利用S频段终端天线对Ka频段终端天线进行引导，以完成高速数据传输。

S频段适用于地面终端站与中继卫星的上下行应急测控链路、用户航天器与中继卫星的前／返向数传链路。

4. 中继卫星系统的运行管理

随着我国航天事业的日益发展，航天器数目和种类不断增多，中继卫星系统所要承担的业务类型和业务量也将不断增加。如何尽量满足大多数用户的需求，并尽可能地提高宝贵的中继卫星系统资源的利用率，其科学管理成为一个必须解决的问题。

基于各系统的职能与分工，可以将中继卫星系统运行管理划分为以下 3 个阶段。

1）资源申请与配置阶段。用户中心在服务前根据任务需求向地面应用系统的控制管理中心发出服务申请，包括服务时间、服务内容等信息。控制管理中心受理用户中心服务申请，根据业已安排的用户服务及中继卫星系统资源占用情况，统筹规划，与用户中心协调，共同拟定满足用户需求的服务计划。

中继卫星系统为用户提供动态的资源配置。根据用户服务申请的重要程度安排优先序，以确保重要任务的服务申请（如载人航天飞行任务的高速前／返向数据传输业务）获得较大程度的满足，一旦其他航天器的服务申请与其发生冲突，中继卫星系统会将该服务时间及其资源首先安排给更高优先级的载人航天飞行任务使用。

在服务申请受理协调完毕以后，控制管理中心根据服务计划对中继卫星系统资源进行统一调配，对中心、地面站及中继卫星的设备资源进行合理有效的配置，确保在用户服务时间里为用户提供满足要求的服务。

2）建立链路阶段。当载人飞船进入中继卫星服务范围时，根据服务计划安排，中继卫星系统将为用户提供相关业务服务。此时首先要建立前／返向链路，其建立过程可描述为：载人飞船按照既定程序或者按中继卫星信标信号寻找中继卫星，确定瞄准中继卫星后，载人飞船发出返向信号。

虽然中继卫星的空间位置相对地面保持不动，但由于载人飞船沿轨道飞行，导致中继卫星与载人飞船存在较大的相对运动，因此中继卫星也要按照既定程序寻找载人飞船，将其星间链路天线瞄准载人飞船后接收其返向信号，并向地面终端站转发该返向信号。如果该返向信号能够被地面终端站锁定，则链路建立成功，可

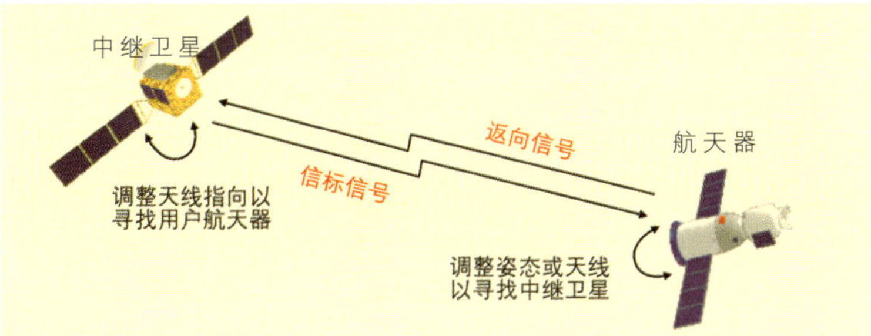

图 8－6　链路建立方式

以为用户提供服务（图8－6）。

3）服务阶段。中继卫星将地面的遥控指令、测距信号和用户中心产生的前向数据转发给载人飞船，载人飞船接收、解调这些信息并分发到航天器的相关设备进行处理。

载人飞船可以在返向链路上转发回测距信号，并将航天器采集产生的返向数据（含遥测信息）传递给中继卫星，中继卫星接收到这些信号后，转发到地面终端站，在这里进行射频解调与编码处理后，传递到控制管理中心进行汇集，并通过国内通信卫星链路或其他宽带链路送至最终的地面用户处理使用。

5．卫星导航系统的工作原理

GPS 系统利用多个信号单向到达时间（TOA）测距的概念提供导航服务。

卫星以高精度的星载原子频标作为基准进行发射，而各星载原子频标皆与GPS 系统时间基准严格同步。GPS 系统各卫星都以两个频率播发测距码和导航数据，但各卫星所使用的测距码不相同（码分多址）。

导航数据提供给接收机，以确定卫星在发射信号时的位置，而

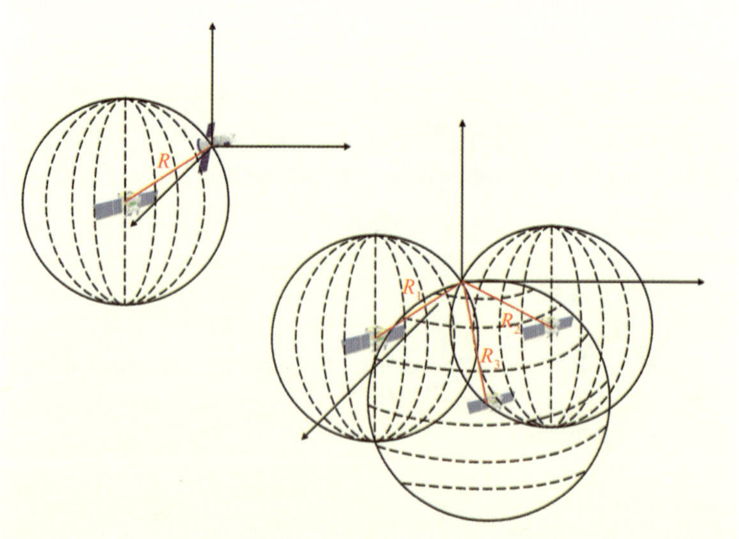

图8－7 使用GPS 对飞船进行导航定位的原理示意图

知识链接

GPS 系统服务

GPS 系统服务有两种：精密定位业务和标准定位业务。

（1）精密定位业务

精密定位业务（PPS）主要供军事和指定的政府用户以及少量得到美国国防部特别批准的用户使用。PPS 所提供的定位精度可达 10 米左右，所提供的 UTC 传递精度在 200 纳秒以内（95%）。这个 UTC 以美国海军天文台（USNO）中保持的时间为准，记为 UTC（USNO）。PPS 的速度测量精度为 0.2 米／秒以上。

（2）标准定位业务

标准定位业务（SPS）面向全世界的所有用户。SPS 所提供的定位精度约为几十米，加上精度控制（SA）后，其定位精度将降至 100 米左右。SPS 提供的 UTC（USNO）时间传递精度在 340 纳秒以内。经过多年广泛应用开发和系统本身的改进，这些业务所达到的精度已大大提高。

测距码使得用户接收机能够确定信号的传播延时，从而确定卫星到用户的距离，利用同时测得的 4 颗卫星的 TOA 距离，就可求解出用户接收机的三维位置及其时钟不同步误差。

导航卫星上的原子钟控制着导航信号的频率和发射定时。星座内每一颗卫星上的时钟与 GPS 系统时间（简称系统时）精确同步到 5 纳秒以内。用户接收机也包含一个时钟，在此先假定它与 GPS 系统时同步。发射定时信息包含在卫星的测距信号中，它使接收机能够计算出卫星发送信号的时刻，加上接收机获得卫星信号接收的时刻，即可计算出卫星至用户的传播时延，将该时延乘以光速便可求得卫星至用户的距离 R。这一测量过程的结果，如图 8－7 左侧所示，它把用户定位于以位置精确已知（从星历数据得到）卫星为球心、半径为 R 的球面上。

如果同时测得到第 2 颗卫星的距离，又将用户定位在以第 2 颗卫星为球心的第 2 个球面上，因此用户将在两个球面相交的圆周上。

同时测得到第 3 颗卫星的距离，即可将用户同时定位在第 3 个球面与上述圆周的相交点上，如图 8－7 右侧所示。第 3 个球面和圆周的交点一般有两个，然而其中只有一个是用户的正确位置，两个位置点相对于导航卫星平面来说互为镜像。对于低于导航卫星轨道高度的低轨道航天器来说，如载人飞船或国际空间站，很显然较低的一点是真位置，由此即可得到航天器的位置信息。

知识链接

GLONASS 系统服务

俄罗斯目前对 GLONASS 采用军民合用、不加密的开放政策。GLONASS 单点定位精度：水平方向为 16 米，垂直方向为 25 米。

由卫星导航信号载波的多普勒频率还可得到卫星与用户接收机之间的距离变化率，有了到3颗卫星的距离变化率，就可确定接收机的运动速度。

实际上，用户接收机的简单石英钟是不可能与GPS系统时钟保持高精度时间同步的，所以接收机依自身时钟时刻单向测得的距离包含接收机时钟误差造成的很大距离误差，这一距离称为伪距。但同时测量的到多颗卫星的伪距都以同一接收机时钟时刻为基准，造成的测距误差相同，这也作为未知量来求解，所以同时需测得至少到4颗卫星的伪距，求解接收机的3维立体位置及时钟时刻偏差。

6. 卫星导航系统在载人航天中的应用

卫星导航系统的高精度7维导航（3维位置、3维速度和1维时间）能力，使其在载人航天工程中获得多项应用，而且设备简单、精度高，甚至某些应用是以往传统测控系统所不能实现的。

只要在运载火箭上安装简单全向天线和高动态导航接收机，即可测定起飞前、加速飞行、入轨飞行的高加速运载火箭的弹道。飞船上导航接收机可随时测得地心坐标系中飞船的位置和速度，很方便地在飞船上确定轨道、预报未来行程、控制机动飞行，还为飞船提供精度达100纳秒的时间同步能力。在两条正交基线上布3（L型）或4（十字型）个接收天线，进行载波相干相位测量，即可确定飞船的飞行姿态。在两个需要交会对接的航天器上各装一台导航接收机，将两接收机的测量量进行处理，进行相对导航，可测得两航天器之间的相对距离和相对速度，帮助快速完成交会对接。这是靠传统地面测控系统无法实现的功能。

飞船变轨后，可用卫星导航接收机快速测出其变轨效果。在飞船返回过程中，飞船一出黑障区就可快速测得其弹道，并可快速准确预报其着陆点。不论飞船任何时候着陆于任何地点，都能快速测定其着陆位置。

利用卫星导航系统可将分布于全球任一测控站上的时钟同步到很高精度，方便地测定海上测量船的位置、航速、航向及姿态。

7. 天基测控网是否可以完全代替陆海基测控网

通过上面的介绍，大家知道天基测控网有明显优势，那么，它会完全取代陆海基测控网吗？这种想法是合乎逻辑的，也是今后的努力方向，但目前尚存在一定的技术困难，尤其对载人航天任务中飞船上升和返回阶段的测控支持，陆海基测控网仍是不可替代的。

(1) 哪些环节需要陆海基测控网

1）飞船上升段。由于载人航天任务的高安全性、高可靠性要求，上升段对测控精度和实时性的要求非常高，要求快速测定运载火箭的弹道，并在飞船入轨后较短时间内提供飞船的初始轨道。

若单独使用天基测控网，在上升段，虽然可使用箭载全球定位系统获得火箭的精确定位信息，但这些信息要通过中继卫星转发才能下传，一上一下就有几百毫秒的延迟，实时性将大打折扣，会给后续处理分析和安控带来较大的影响。另外，由于火箭与中继卫星的距离较远，为了能与中继卫星通信，就必须在火箭的特定位置上安装增益较高的中继天线，而火箭的气动特性不允许使用凸出到箭体外部的天线。同时由于火箭飞行时的加速度大，飞行弧段短，很难保证中继卫星天线与火箭天线的快速相互捕获，火箭遥测信息和定位信息通过天基网传送有一定难度。

目前由于技术的限制，飞船上的卫星导航系统在抛掉整流罩几分钟后才能接收到导航卫星信号。若可观测到的导航卫星数量少或几何分布不好，到正常箭船分离时将没有足够的时间定轨。另外，由于安装空间受到限制，飞船中继天线在入轨之后才能展开工作，没有足够的时间完成中继星转发测距和卫星导航信息，也就无法及时完成定轨功能。总之，在上升段，天基网难以完成初始轨道的确定任务。

2）飞船返回段。在返回段，飞船要改变运行轨迹，中继卫星系统最多只能测得2个距离量（及其变化率），不足以确定这种机动弹道。

另外，由于飞船在返回过程中需要调整姿态以达到最佳返回状态，飞船上的中继天线与中继卫星时而可见、时而不可见，实现双方信号捕获的难度较大，如果在这种情况下无法建立飞船与天基网的通信通道，飞船定位信息也将无法通过中继卫星系统转发下传到地面进行处理。当飞船进入黑障区时，天基网的一切业务全部中断，因此单独使用天基网将很难完成返回段的测控任务。

此外，目前已建成的天基测控系统对于高轨和深空航天器都无能为力，必须由陆海基系统来测控。还有不可能使用高增益大口径天线和大功率发射机的小卫星，也只能依靠陆海基测控网。

（2）不可替代，相辅相成

为保证载人航天飞行任务的圆满完成，天基测控网和陆海基测控网还需要相互配合。尤其在飞船的上升段和返回段，地基测控站距离测控目标较近，天线发射功率大，测控信号强，目标上即使利用低增益全向天线也能保证测控链路畅通；在运行段，现有的陆海基测控网具有较好的任务支持能力和可靠性保证，在后续载人航天飞行任务中可作为天基测控网的有效备份手段。

尽管如此，航天科技的进步显而易见，高新技术的应用不可阻挡，陆海基测控网与天基测控网结合的一体化测控网将逐渐壮大并成为主力军，这是载人航天测控网发展的必然趋势。

第九章

载人航天测控通信新技术

测控通信技术是应航天工程的发展要求而发展的，人类将进行更复杂的空间探索和进入更深远的太空。中国未来将要开展的空间交会对接任务、空间站工程，以及载人登月或登陆火星任务都对测控通信提出了更高的要求，为此，还有哪些新技术需要我们去探索呢？

1. 空间互联网技术

大家可能要问，航天员在太空中是否可以上网？随着空间互联网技术的发展，这个问题完全可以解决。

目前，我国的飞船（卫星）内部的传输协议、船（星）- 地之间的传输协议、地面各单位间的传输协议尚未进行一体化设计，造成天地互操作过程中协议转换频繁。为此，需要配置多种协议转换设备，且这类设备多为定制设备，技术状态复杂，降低了系统的可靠性和操作维护效率。由于不同航天器所使用的空间信息传输协议处理方式各不相同，地面需要开发多种协议处理软件，系统兼容性和可靠性较差。相应地，接口协调的工作量和难度也不断增大。

未来的航天活动将愈来愈复杂，航天器的数量也将不断增加。中继卫星系统的使用产生了星间链路；空间站等复杂航天器内部各系统间需采用网络方式解决数据传输问题；深空探测器及各种着陆器将采用空间无线局域网。以往点对点传输方式独存的局面将不复存在，实现航天器与航天器、航天器与地面用户之间的互联，成为航天活动的发展趋势和必然要求，研究并建设包括空间和地面在内的天地一体化网络势在必行。

CCSDS 针对空间信息传输的特点，对地面标准 TCP/IP 协议进行相应改进，开发了一整套涵盖应用层、传输层、网络层和数据链路层的空间通信协议规范，较全面地解决了空间环境的信息传输问题，可用于构建一个航天器间、天地及地面互联互通的综合网络系统。凡是与航天器有关的数据接收、传输分发、运行控制等资源均一并予以有机整合，服务不再局限于一种航天器，也不再对应于一类用户，而是向多种用户提供多种类型的信息，实现信息共享和统筹建设。

我国天地一体化网络在物理组成上分为空间段和地面段两部分。空间段包括所有的航天器，其链路组织形成有以下 3 种：对地链路、中继链路和星间链路。地面段包括所有与航天器有关的设施，如数据接收网、地面接收站、天文观测网等地基航天测控网。

知识链接

CCSDS 工作简介

国际组织空间数据系统咨询委员会（CCSDS）先后发布了从物理层到应用层的一系列空间链路（包括星地链路及星间链路）建议，同时市场上推出了一些符合CCSDS建议的商业产品。国际航天任务所采用的CCSDS建议主要包括分包遥控、分包遥测和高级在轨系统（AOS）建议，这些建议包含了数据链路层和网络层，目前CCSDS对这些建议进行了修订，并允许在网络层使用 Ipv4 和 Ipv6 数据包，同时CCSDS参考地面IP技术开发了一套涵盖网络层到应用层的空间通信协议规范（SCPS），包括网络协议（SCPS—NP）、安全协议（SCPS—SP）、传输协议（SCPS—TP）、文件传输协议（SCPS—FP）。

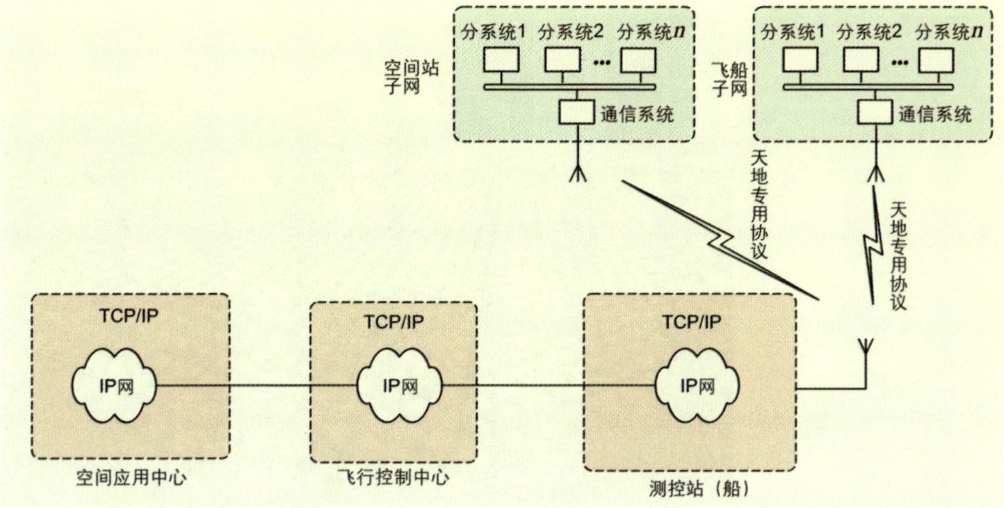

图 9–1 天地互操作基本流程

图 9－1 为天地互操作基本流程。

2．远程测控通信技术

月球距离地球约 38 万千米，约为神舟飞船轨道高度的 1 000 倍，如果传输与目前神舟飞船等量的数据，则天线口径大小要增加同样倍数。然而，通过增加天线口径的方式成本太大，而减少数据传输容量又无法满足航天任务对测控通信的要求。

为了提高对远距离微弱信号的接收能力，科学家提出了天线组阵技术。天线组阵是一种利用多个小口径天线来获得等效大口径天线性能的技术手段，例如，利用 40 个 12 米口径天线进行组阵能够获得与 70 米口径天线相同的性能。在天线组阵中，多个天线接收来自同一航天器的信号，并将其发送到合成中心。由于每个天线接收到信号的时延和强度都不相同，合成中心对来自各个天线的信号进行调整对齐，然后根据各个信号的强度进行加权合成，合成后信号的信噪比与每个天线的信噪比相比有显著提高，即获得了合成增益，从而使多个小口径天线经过组阵后能够达到与大口径天线相同的性能。图 9－2 展现的就是一个大型天线阵。

天线组阵技术是实现远程通信的重要手段。一般而言，天线建造费用与天线口径成平方关系，而接收能力与表面积成正比，效

图 9-2 平方千米天线阵

费比（接收能力与建造费用之比）与天线口径成反比，建造小口径天线的效费比高，所以利用多个小口径天线组阵能够节约成本，且能提高设计和操作的灵活性。

3. 毫米波和激光测控通信技术

航天测控网已从最初利用超短波，发展到利用毫米波（Ka 频段无线电波）和激光的通信链路，以提高天地数传的速率。单纯测控任务所需数传速率较低，但要传送数百兆比特/秒速率的科学实验与技术试验等应用任务数据，就得采用 Ka 频段无线电波或激光。目前，美国 NASA 的第二代数据中继卫星系统和深空网、欧空局的数据中继卫星、日本的试验数据中继卫星以及我国的第一代数据中继卫星都已采用 Ka 频段（23 吉赫兹，25～27 吉赫兹），可提供 3.5 吉赫兹的总传输带宽。工作频率的提高，在相同数传速率下，可减小收、发端天线的直径，从而减小星载数传设备的质量和占用空间，甚至数据中继卫星上有可能采用直径较小的、易于制作的固定抛物面天线。采用更高频率的新频段还可减小受干扰的机率（干扰源较少，波束更窄）。

采用激光作为传输手段，可使数传速率进一步提高几个数量级，而且抗电磁干扰能力更强。在光学通信中，信息通过激光和望远镜传输，通信的性能更高，而且航天器上通信设备更轻巧。在真空环境下的卫星—卫星链路上使用激光，近乎处于理想自由空间，不存在大气和气候等不利因素的影响。数据中继卫星之间传送上千兆比特／秒的数据只需几十厘米直径的望远镜即可。图9－3为天地激光通信系统示意图。航天器对地通信的激光链路，将受到大气层气象条件的严重影响，降雨、降雪甚至会使链路中断。为保证通信的连续性和高可用性，要将地面站设在地势较高、气候干燥的地方，另外，还应在几个气象条件不同的地区设立多个地面激光通信站，进行分集接收。

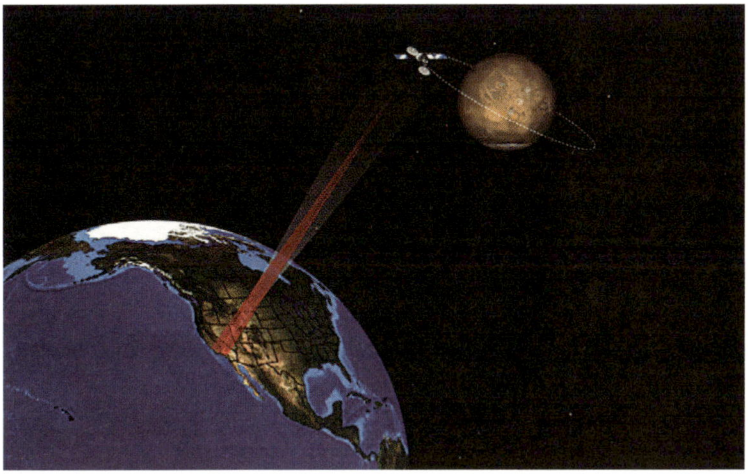

图9–3 天地激光通信系统示意图

4. 行星际组网

通过深空中继通信系统建立行星际通信网的主干线，从而逐步建立行星际网络。其中，载人登月和载人登火星的测控通信系统（图9－4）主要由地面测控网（包括载人航天测控网和深空网）、天基测控网（中继卫星和导航卫星）、月球测控网和火星测控网组成。

(1) 月球中继网

如果要完成月球表面两个相距较远的航天器的通信，或地球与月球背面的航天器通信，就需要建立月球数据中继系统。

图 9–4 载人登月和载人登火星测控通信系统组成

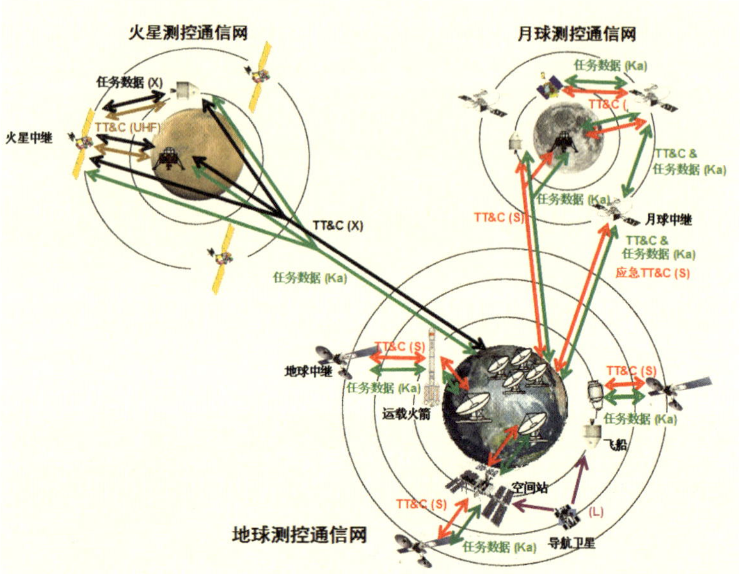

月球测控网（图 9–5）主要包括月球导航与中继通信星座（图 9–6）、月球表面导航与通信网、月球对地通信主干线等。月地通信主干线将以地面 Ka 频段天线阵和月球正面的月面大口径抛物面天线或天线阵为主，用于地月之间的大容量通信。根据后续的发展，也可以考虑建立地月激光通信系统。

图 9–5　月球测控网构成

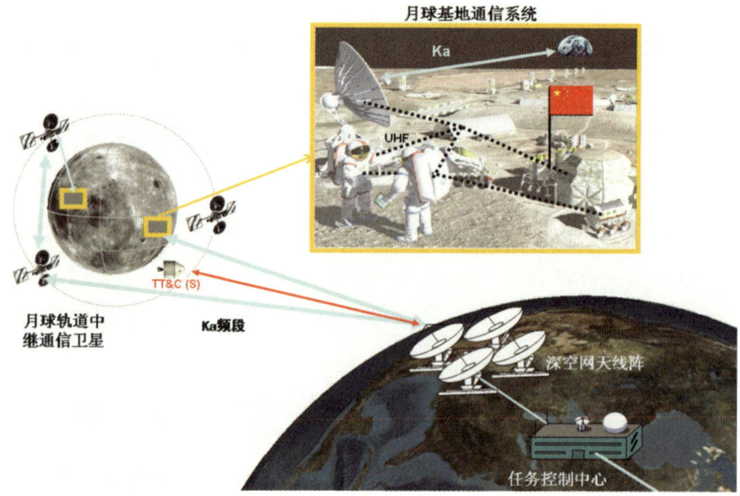

图 9–6 覆盖整个月球的由 6 颗倾斜圆轨道卫星和 2 个平面组成的星座示意图

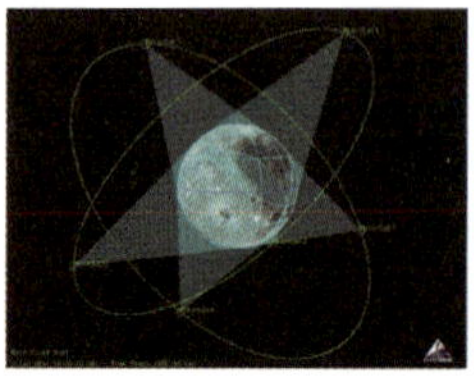

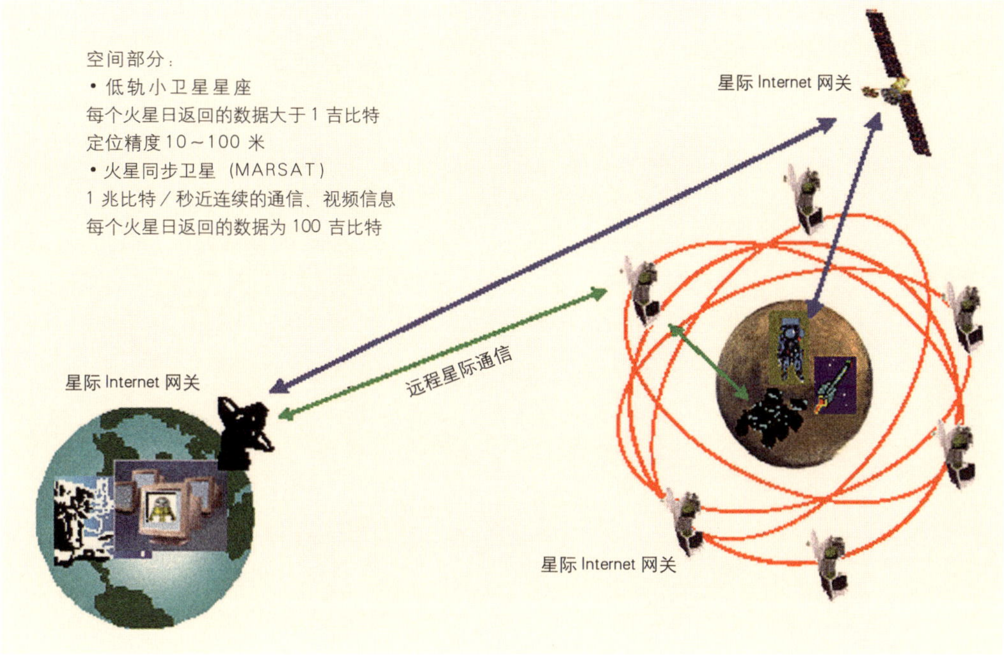

图 9–7 火星测控网示意图

(2) **火星中继网**

火星测控网将满足未来火星探测中通信和导航的需求，该网络由低成本小卫星以及火星中继卫星组成，也是“星际 Internet”的组成部分。火星测控网如图 9－7 所示。

5. 高速数传技术

从卫星进入实用阶段以来，需要下传至地面的数据量一直在不断增大。随着星载仪器数量的增加和仪器性能的提高（视场、分辨率等），特别是多谱段成像探测设备的出现，下传数据量呈数量级增大趋势。

受卫星载荷和供电能力限制，星—星链路一直是功率受限信道，但随着数传速率的不断攀升，链路带宽也处于紧张状态。为尽量提高数传链路性能，常利用恒定包络的相位调制技术，如 BPSK,QPSK 和 UQPSK，目前已试验验证了性能更好的

MSK、8相网格编码（TCM）调制；在传输信道上则采用卷积编码、R－S编码、循环码和自动请求重发（ARQ）等防错措施。为提高信道编码效果，还将多种编码级联使用，如以卷积码为内码、R－S为外码等。

对于高码速率数据，受运算速度和传送带宽限制，需要采用多路并行处理技术，即将一路高速数据流分成多路，分别加以防错编码，在接收端接收和解码之后再合成为一路高速数据，这种处理过程相当复杂。现在有不少学者正在探讨各种高带宽效率、高功率效率的调制编码技术。